计算机应用基础上机指导

主　编　李乔凤　郭晓琳　陈双双
副主编　普吉莉　蒋　瑶　王小源　周荣稳
参　编　王椿惠　李淑梅

北京理工大学出版社
BEIJING INSTITUTE OF TECHNOLOGY PRESS

内容简介

本书可作为《计算机应用基础》（李乔凤、陈双双主编，北京理工大学出版社，2019）的辅助教材，是一本实训指导教材，全书分为7个章节，以 Windows 7 为操作系统平台，以 Office 2010 为办公软件安排实训内容，内容包括计算机基础知识、电脑打字基础、Word 2010 文字处理软件、Excel 2010 电子表格软件、PowerPoint 2010 演示文稿制作软件、网络基础与应用、自媒体。全书注重实际工作任务与当今实际生活需要的联系，增强学生的学习兴趣，让学生轻松掌握相关技能。

图书在版编目（CIP）数据

计算机应用基础上机指导 / 李乔凤，郭晓琳，陈双双主编. —北京：北京理工大学出版社，2020.4（2021.7重印）

ISBN 978－7－5682－8347－2

Ⅰ.①计…　Ⅱ.①李…　②郭…　③陈…　Ⅲ.①电子计算机－高等学校－教学参考资料　Ⅳ.①TP3

中国版本图书馆 CIP 数据核字（2020）第 058017 号

出版发行 / 北京理工大学出版社有限责任公司
社　　址 / 北京市海淀区中关村南大街 5 号
邮　　编 / 100081
电　　话 /（010）68914775（总编室）
（010）82562903（教材售后服务热线）
（010）68944723（其他图书服务热线）
网　　址 / http：//www. bitpress. com. cn
经　　销 / 全国各地新华书店
印　　刷 / 三河市天利华印刷装订有限公司
开　　本 / 787 毫米 × 1092 毫米　1/16
印　　张 / 9
字　　数 / 214 千字
版　　次 / 2020 年 4 月第 1 版　2021 年 7 月第 3 次印刷
定　　价 / 26.00 元

责任编辑 / 王玲玲
文案编辑 / 王玲玲
责任校对 / 刘亚男
责任印制 / 施胜娟

前　言

随着职业教育改革的不断深入，作为职业教育工作者的我们也在深刻地思考职业教育的发展问题。因此，在编写本书时，注重课程内容与职业标准对接、教学过程与生产过程对接。为适应计算机应用的迅速发展和学校的教学要求，我们在总结教学实践的基础上，认真贯彻《国家职业教育改革实施方案》中的精神，坚持“以就业为导向，以能力为本位，以综合素质和职业能力为主线”的指导思想。本书是《计算机应用基础》（李乔凤、陈双双主编，北京理工大学出版社，2019）的配套实训教材，突出实用性、岗位性和职业性，是一本具有职业教育特点的实训教材。

本书是经过多位教师深入企业调研且了解企业需求，并与多年的一线教学经验相结合，最终编写而成。全书以实训形式介绍了计算机的软、硬件的安装知识，练习打字速度的方法；以 Office 2010 为办公软件安排实训内容，有 Word 2010 文字处理软件、Excel 2010 电子表格软件、PowerPoint 2010 演示文稿制作软件，三个软件的实训内容深度融合企业的工作任务；网络基础与应用和自媒体两个章节的实训内容与生活、工作需要紧密联系。本书具有综合性和实用性等特点，操作性强，内容具体，要求明确，采用大量实际界面和操作的截图，非常便于读者操作和理解。

第 1 章计算机基础知识：3 个实训分别介绍计算机硬件组装步骤，Office 办公软件的安装方法，文件、文件夹的管理技巧，能让学生掌握基本的计算机操作。

第 2 章电脑打字基础：通过 3 个实训练习英文、中文的文字录入速度，让学生熟记键盘按键位置、指法应用等，使学生初步学会盲打。

第 3 章 Word 2010 文字处理软件：8 个实训分别介绍了在 Word 中录入符号、文字，对文章进行图文混排，设置艺术字，制作和编辑表格，邮件合并等操作内容。学完此章能使学生熟练地对文章进行排版。

第 4 章 Excel 2010 电子表格软件：5 个实训介绍了关于 Excel 的基本操作、对数据进行分析和管理、运用公式与函数进行计算等相关内容。通过对此章的学习，学生能够运用 Excel对数据进行基本的计算、分析、管理。

第 5 章 PowerPoint 2010 演示文稿制作软件：5 个实训介绍了 PowerPoint 制作演示文稿、美化演示文稿、添加演示文稿动画及放映演示文稿的方法。学完此章能使学生制作出切合实际需要的演示文稿。

第 6 章网络基础与应用：3 个实训分别介绍了设置无线网络连接的方法、浏览器的使用方法、收发电子邮件的操作。通过本章的学习能使学生运用网络获取信息、管理电子邮件。

第 7 章自媒体：5 个实训介绍了使用时下流行的自媒体平台进行自媒体制作的方法，使学生能够熟悉自媒体制作，开拓学习视野。

本书第1章由周荣稳、陈双双编写，第2章由王椿惠编写，第3章由蒋瑶编写，第4章由郭晓琳、李淑梅编写，第5章由普吉莉编写，第6章由李乔风编写，第7章由王小源编写。全书由李乔风统稿。本书能顺利完成，要感谢各位编委老师的支持和协作。

本书涉及的素材请扫描以下二维码下载，提取码为58gd。

编者旨在奉献给读者一本内容与企业工作实际相结合的教材，但由于编者知识有限，加上计算机技术的发展日新月异，书中难免存在不当之处，敬请指正。

编　者

目　录

第1章 计算机基础知识

实训一　计算机的软、硬件系统

一、实训目的和要求

（1）了解计算机系统的基本组成。

（2）掌握计算机各硬件设备的安装方法。

（3）掌握计算机各硬件设备的连线方法。

二、实训内容和步骤

1. 识别计算机系统的组成

（1）绘制计算机系统的思维导图，如图1-1所示。

（2）对照计算机系统思维导图，辨识计算机各硬件设备。

（3）说出常用的应用软件的名称及主要功能。

2. 安装计算机硬件设备

（1）安装CPU。找到主板上的CPU插座，向外、向上拨动CPU插座上的阻力杆至与插座垂直的位置，如图1-2所示。取出CPU，观察针脚布局，将CPU上无针脚的一角与CPU插座上无针孔的一角位置对齐，然后把CPU缓慢放置到CPU插槽中，安装过程中保持CPU针脚始终与主板垂直。CPU顺利安插到CPU插座后，将插座上的阻力杆拨回底部并卡住，如图1-3所示。

❖ **提示：**

安装CPU过程中，要确保CPU针脚无弯曲、无错位，若感觉阻力较大，需要拿出CPU重新安装。

（2）安装散热器。检查CPU插座周围的四个散热器支架，确保无破损、无松动。向上拨动散热器两侧的压力调节杆，将散热器垂直轻放至四个散热器支架上，轻压散热器四周，使散热器与支架缓缓扣合。将散热器两侧的双向压力调节杆向下拨动至底部扣紧散热器，确保散热片与CPU紧密接触。最后，安装散热器供电接口。

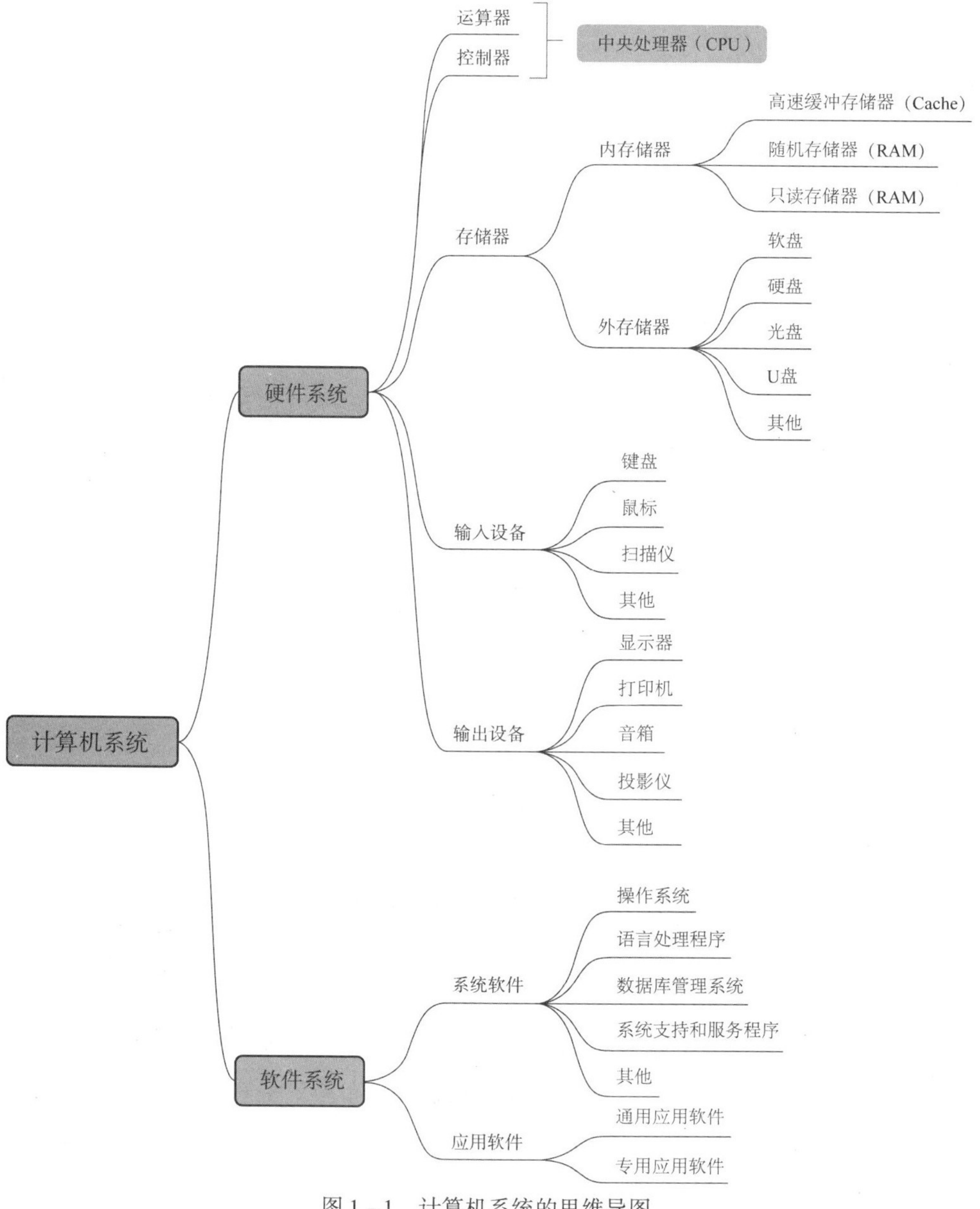

图 1－1　计算机系统的思维导图

图 1－2　拨开 CPU 插座阻力杆

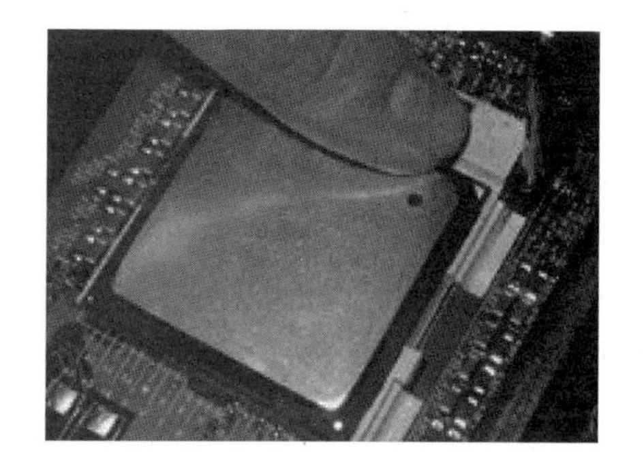

图 1－3　安装 CPU

(3) 安装内存条。找到主板上的内存条插槽，将插槽两端的白色卡扣扳向两边，确保插槽打开。观察并检查内存条，将内存条的1个凹槽对准内存条插槽上的凸点（隔断）。向下稍稍用力按压内存条，内存条插槽的卡扣自动扣合，即可完成安装，如图1-4所示。

图1-4 安装内存条

❖ **提示：**

不同型号的内存条凹槽位置不同，不可混用。

(4) 安装主板。将主板垫脚螺母安放至机箱主板托架对应位置，I/O挡板安装至机箱的背部。双手平托主板，轻轻放置在机箱中，拧紧螺钉，将主板固定，如图1-5所示。

❖ **提示：**

固定主板时，每颗螺钉不能一次拧紧，应分多次逐次拧紧，以免造成主板扭曲。

(5) 安装电源。将电源放置于机箱内的电源位置，并将电源上的螺丝固定孔与机箱上的固定孔对齐，顺次拧紧螺钉，如图1-6所示。

图1-5 将主板轻放在机箱中

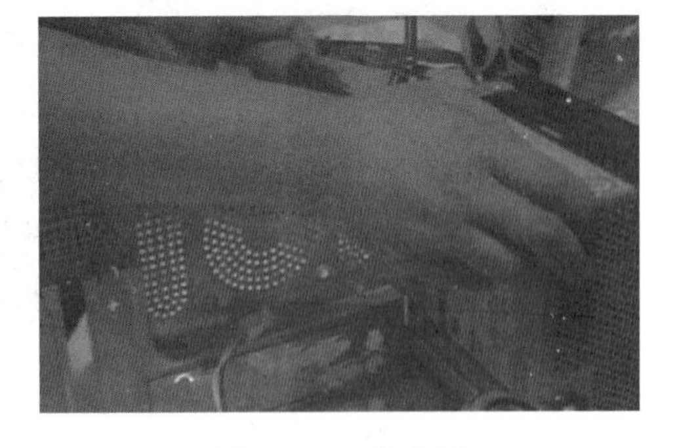

图1-6 安装电源

(6) 安装光盘驱动器。在机箱的面板中取下一个5寸槽口的塑料挡板，将光驱由机箱前面安放进去，用螺丝固定光驱。

❖ **提示：**

安装光驱时，尽量将光驱放置在机箱最上方的位置，利于散热。

(7) 安装硬盘。在机箱内找到硬盘驱动器仓，将硬盘插入硬盘驱动器仓内，使硬盘侧面的螺丝孔与硬盘驱动器仓上的螺钉孔对齐，拧紧螺丝，将硬盘安装牢固。

（8）安装显卡。找到主板上的显卡插槽，将显卡插入显卡插槽中，使用螺丝将显卡挡板固定，如图 1－7 所示。声卡、网卡或内置调制解调器的安装方法与显卡安装相似，参照显卡安装方法逐次安装。

❖ **提示：**

安装显卡时，显卡挡板下端不要顶在主板上。固定挡板螺丝时，确保松紧适度，不要影响显卡插脚与 PCI/PCE－E 槽的接触，避免引起主板变形。

（9）连接数据线。找到前置音频跳线，即插头上标有 AUDIO 的跳线，将其插入主板上的 AUDIO 插槽。找到报警器跳线 SPEAKER，并将其插入主板上的 SPEAKER1 插槽。找到标有 USB 字样的 USB 跳线，将其插入 USB 跳线插槽中。找到主板跳线插座，一般位于主板右下角，共有 9 个引脚，其中最右边针脚是无用的，将硬盘灯跳线 HDDLED、重启键跳线 RESET SW、电源信号灯先 POWER LED、电源开关跳线 POWER SW 分别插入对应的接口。找到电源线，将主板上提供 24 PIN 的供电接口或 20 PIN 的供电接口与硬盘和光驱连接。找到数据接口，硬盘一般采用 SATA 接口或 IDE 接口，光驱采用 IDE 接口。一般主板上设有多个 SATA 接口、一个 IDE 接口。

（10）连接电源线。找到主板电源线，共 24 个引脚，采用了防呆设计，将带有卡扣的一侧对准电源插座凸出来的一侧插入即可。

（11）整理机箱内连线。仔细检查机箱内各部分的连接情况，确保无误后，整理机箱内的连线，如图 1－8 所示。

图 1－7　安装显卡

图 1－8　整理机箱内的连线

最后，盖好机箱盖，上好螺钉，完成主机的安装。

（12）连接外部设备。将键盘、鼠标、显示器、音箱等外部设备与主机连接，如图 1－9 所示。

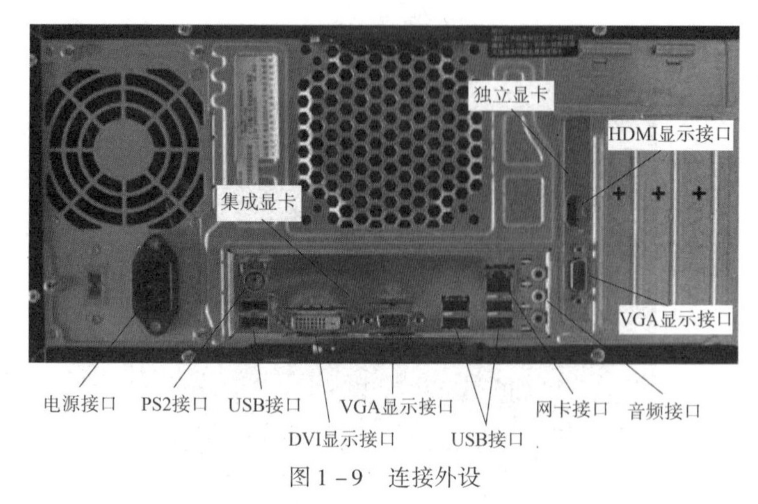

图1－9　连接外设

实训二　Windows 的安装

一、实训目的和要求

（1）了解计算机系统软件的安装方法。

（2）掌握计算机应用软件的安装方法。

二、实训内容和步骤

1. Windows 7 的安装

（1）重启计算机，插入 Windows 7 系统安装光盘。

（2）进入 Windows 7 安装界面，依次选择要安装的语言、时间和货币格式、键盘和输入方法，单击“下一步”按钮进入安装界面，如图1－10 和图1－11 所示。

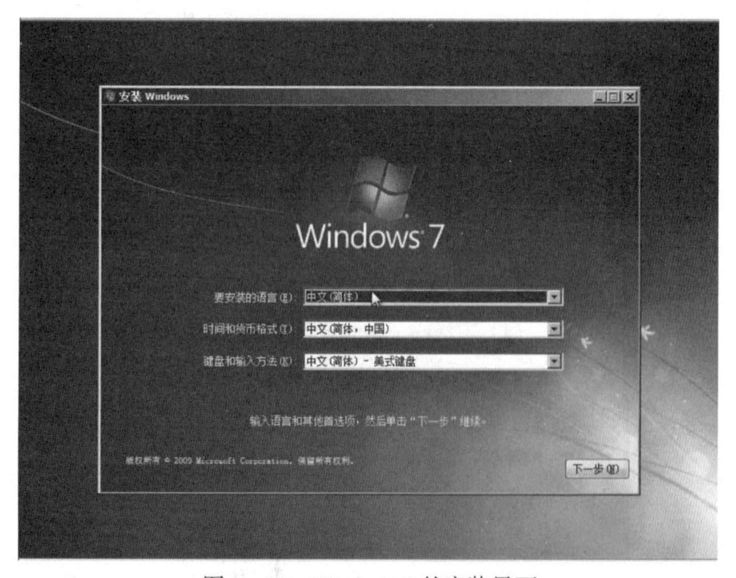

图1－10　Windows 7 的安装界面

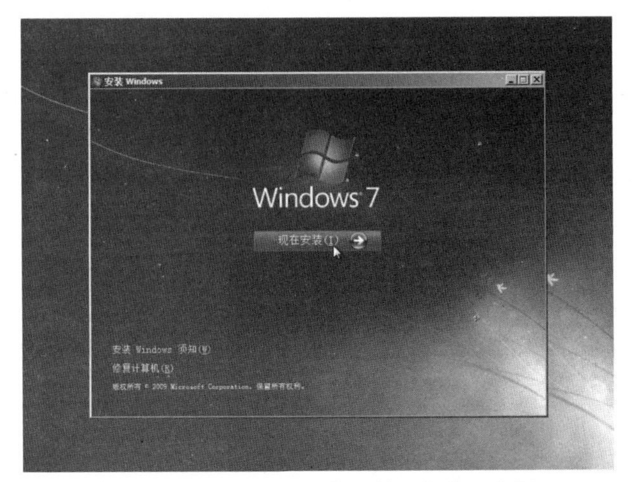

图 1－11　Windows 7 的“现在安装”按钮

（3）确认接受许可条款，单击“下一步”按钮继续，如图 1－12 所示。

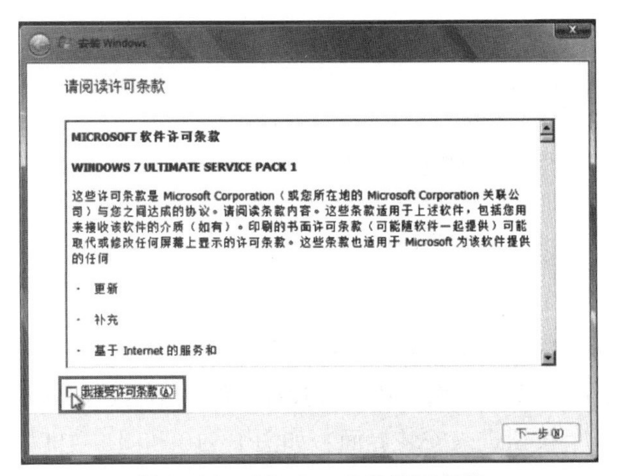

图 1－12　Windows 7 的许可条款

（4）选择安装类型，如图 1－13 所示。

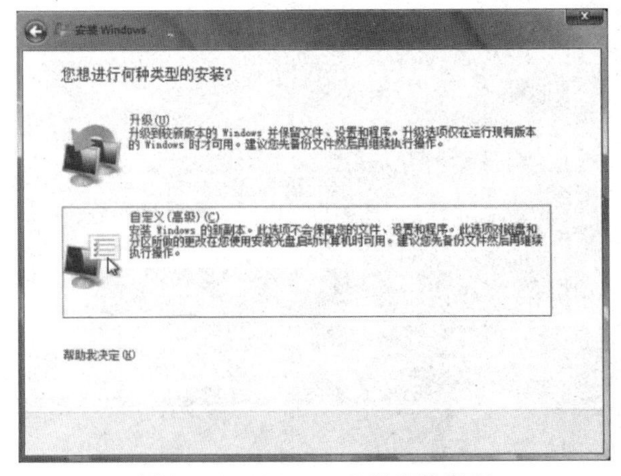

图 1－13　Windows 7 的安装类型

（5）选择安装位置，默认将Windows 7安装在第一个分区（如果磁盘未进行分区，则安装前要先对磁盘进行分区），单击“下一步”按钮继续，如图1－14所示。

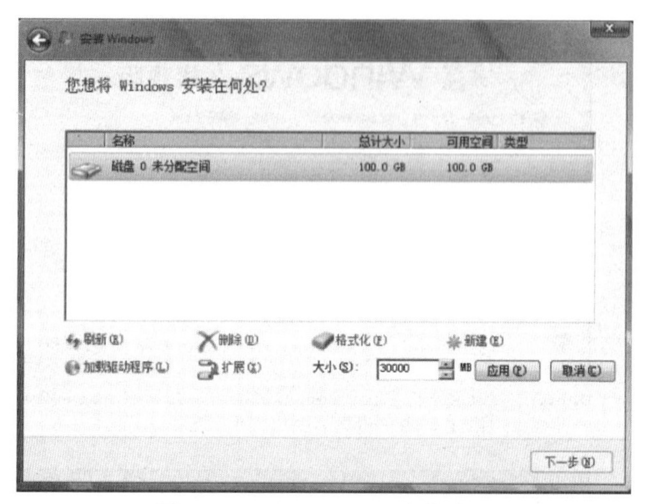

图1－14　Windows 7的安装分区

（6）开始安装Windows 7，如图1－15所示。

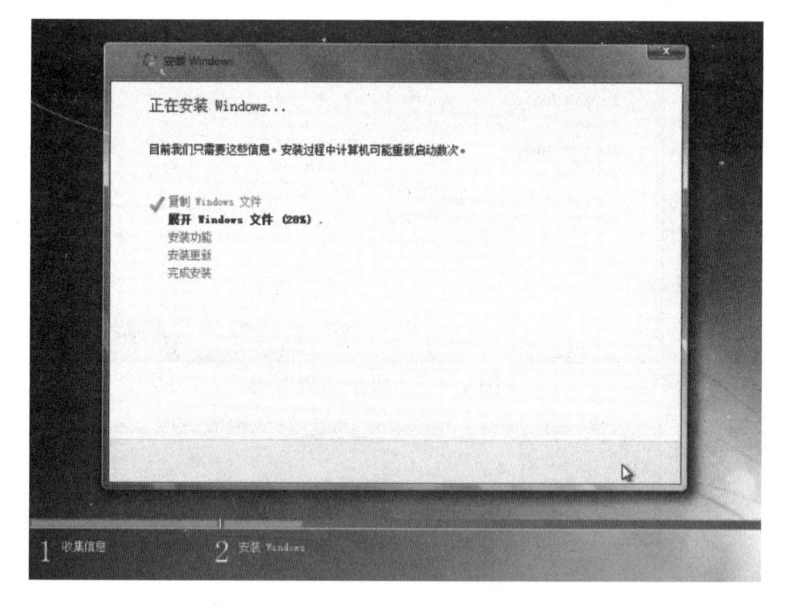

图1－15　Windows 7的开始安装界面

（7）计算机自行重启数次，完成所有安装后，进入Windows 7的设置界面，依次设置用户名和计算机名称，单击“下一步”按钮继续，如图1－16所示。

（8）设置账户密码，单击“下一步”按钮继续，如图1－17所示。

（9）输入产品密钥，单击“下一步”按钮继续，如图1－18所示。

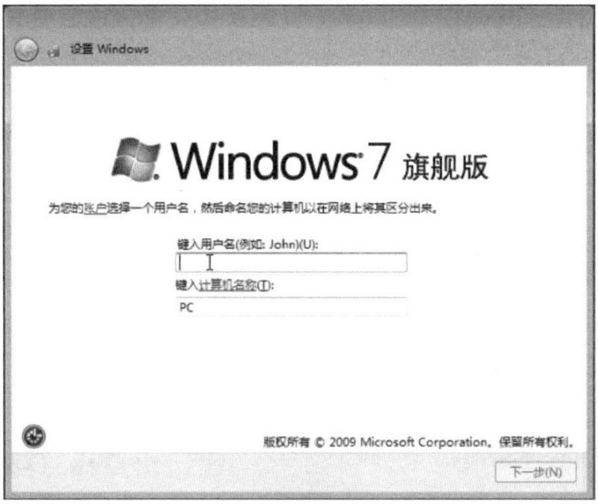

设置 Windows

Windows 7 旗舰版

为您的账户选择一个用户名，然后命名您的计算机以在网络上将其区分出来。

键入用户名(例如: John)(U):

键入计算机名称(T):

PC

版权所有 © 2009 Microsoft Corporation。保留所有权利。

下一步(N)

图 1－16　设置用户名和计算机名称

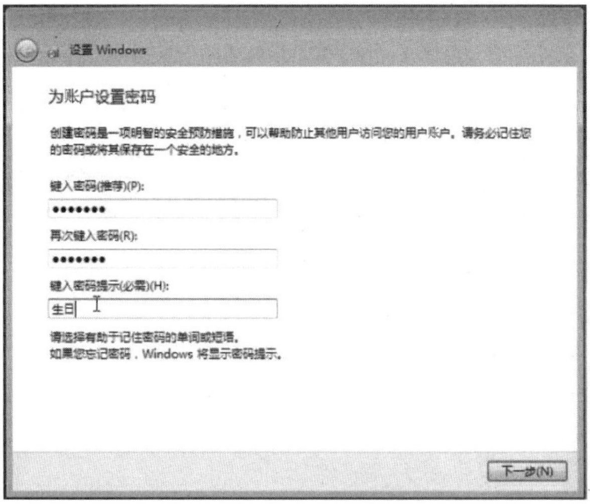

设置 Windows

为账户设置密码

创建密码是一项明智的安全预防措施，可以帮助防止其他用户访问您的用户账户。请务必记住您的密码或将其保存在一个安全的地方。

键入密码(推荐)(P):

●●●●●●●

再次键入密码(R):

●●●●●●●

键入密码提示(必需)(H):

生日

请选择有助于记住密码的单词或短语。
如果您忘记密码，Windows 将显示密码提示。

下一步(N)

图 1－17　设置账户密码

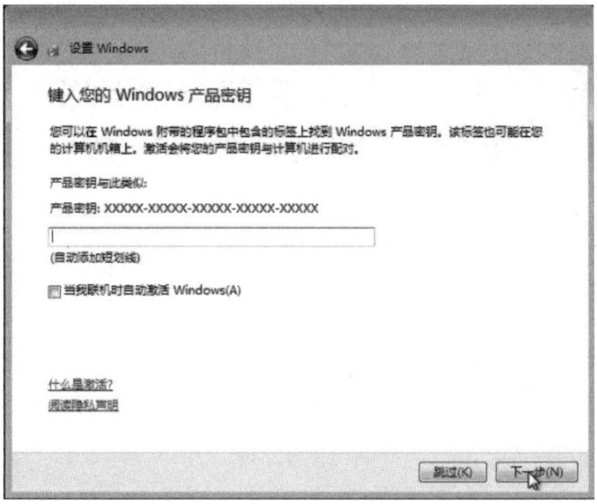

设置 Windows

键入您的 Windows 产品密钥

您可以在 Windows 附带的程序包中包含的标签上找到 Windows 产品密钥。该标签也可能在您的计算机机箱上。激活会将您的产品密钥与计算机进行配对。

产品密钥与此类似:

产品密钥: XXXXX-XXXXX-XXXXX-XXXXX-XXXXX

(自动添加短划线)

当我联机时自动激活 Windows(A)

什么是激活?

阅读隐私声明

跳过(K)　下一步(N)

图 1－18　输入 Windows 产品密钥

（10）设置“帮助您自动保护计算机以及提高 Windows 的性能”选项，如图 1－19 所示。

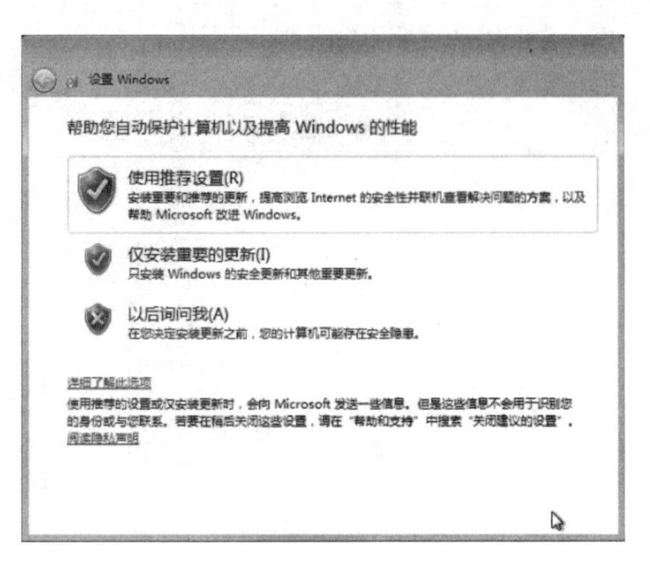

图 1－19　设置“帮助您自动保护计算机以及提高 Windows 的性能”选项

（11）设置时间和日期，单击“下一步”按钮继续，如图 1－20 所示。

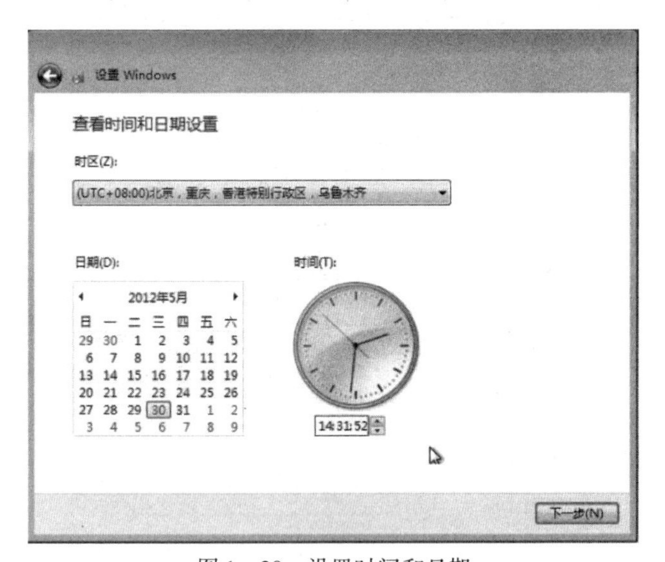

图 1－20　设置时间和日期

（12）等待 Windows 完成设置后，进入首次登录 Windows 7 的界面，如图 1－21 所示。

2．Microsoft Office 2010 的安装

（1）打开 Microsoft Office 2010 安装包，双击“setup. exe”程序进行安装，进入安装界面，如图 1－22 和图 1－23 所示。

图 1－21　首次登录 Windows 7 的界面

图 1－22　Microsoft Office 2010 安装程序

(2) 选择所需的安装方式，若直接单击“立即安装”按钮，系统将按照默认设置自动安装 Microsoft Office 2010 程序；如需选择安装的程序及安装目录等，则单击“自定义”按钮进入下一步，如图 1－24 所示。

(3) 设置“自定义”安装选项，依次选择需要安装的子程序、文件位置、用户信息等，设置好后，单击“立即安装”按钮即可进行安装，如图 1－25 和图 1－26 所示。

图1－23　Microsoft Office 2010 安装界面

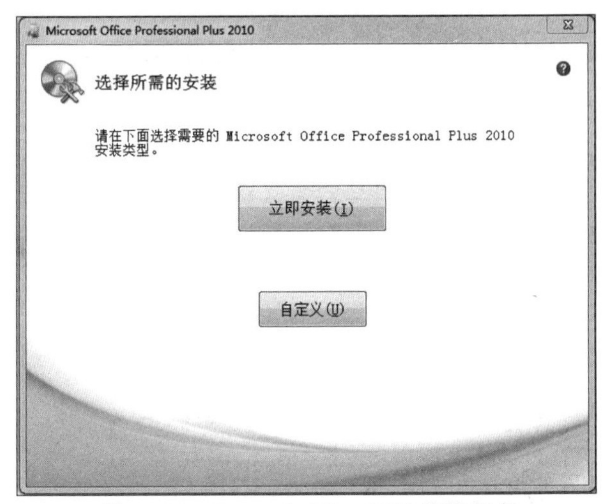

图1－24　Microsoft Office 2010 安装方式

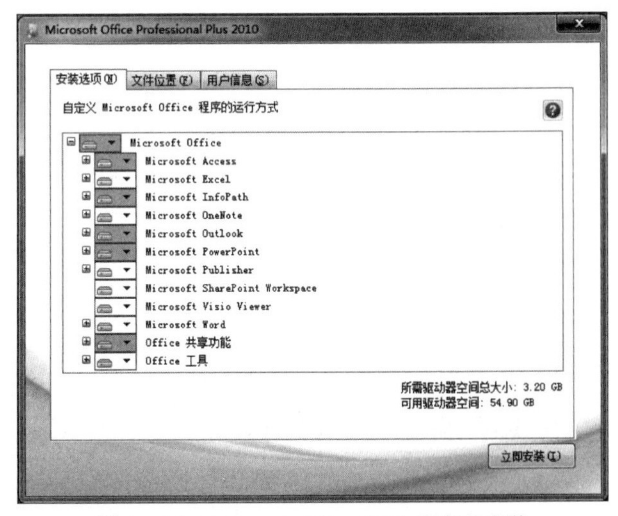

图1－25　Microsoft Office 2010 自定义安装

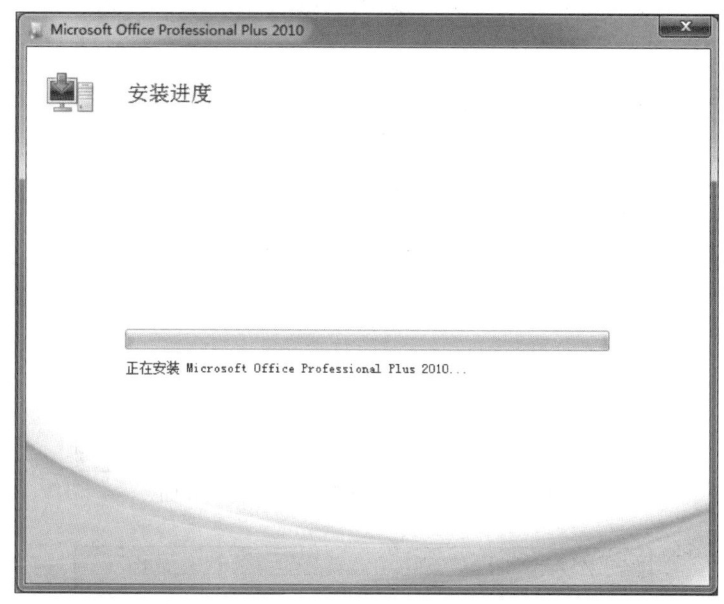

图 1-26　Microsoft Office 2010 安装进度条

❖ **提示：**

“自定义”安装时，用户可以根据自己的需要在“安装选项”标签中选择子程序进行安装。对于不需要安装的子程序，单击该子程序前的选项卡，选择“不安装”即可。在“文件位置”标签中，用户可以设置 Microsoft Office 2010 安装的位置。在“用户信息”标签中，用户可以填写个人及单位信息。

（4）完成安装后进入安装完成界面，单击“关闭”按钮即可，如图 1-27 所示。

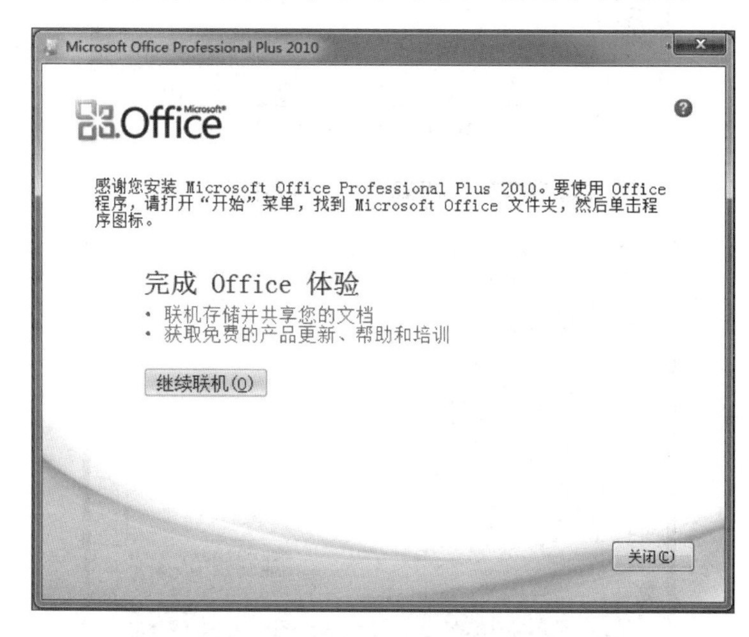

图 1-27　Microsoft Office 2010 完成安装界面

（2）在选中的某一图标上右击，在弹出的菜单中选择“复制”，或者使用组合键 Ctrl + C 复制。

（3）打开子文件夹“工程素材”，在空白处右击，选择“粘贴”，或者使用组合键 Ctrl + V 粘贴。

（4）将子文件夹“工程素材”中的文件“1. jpg”“2. jpg”“3. jpg”分别重命名为“勘查现场 1. png”“勘查现场 2. png”“勘查现场 2. png”。

❖ **提示：**

当对文件进行命名，要改动扩展名时，需将文件扩展名显示出来。方法为：在打开的文件夹窗口菜单中找到“工具”→“文件夹选项”，在打开的“文件夹选项”对话框中找到“查看”选项卡，并在“高级设置”中将“隐藏已知文件类型的扩展名”前面的复选框的勾去掉。

（5）选中“工程素材”中的“水文. docx”文件，在图标处右击，在弹出的菜单中选择“剪切”（或者使用组合键 Ctrl + X 剪切），返回“工程文件”目录，在空白处右击，在弹出的菜单中选择“粘贴”。

4. 删除文件

（1）打开“工程素材”文件夹，删除该文件夹下扩展名为“. hlp”的所有文件。

（2）将“工程素材”文件夹中扩展名为“. wps”的所有文件删除。

❖ **提示：**

删除文件或文件夹的方法：①在选择的文件图标上右击，在弹出的菜单中选择“删除”命令；②选择将要被删除的文件图标，按下键盘的 Delete 键删除。

5. 查找文件

通过 Windows 系统的查找功能查找相应的文件。

❖ **提示：**

查找文件或文件夹的方法：①在桌面左下角的“开始”菜单处的搜索框中输入要查找的文件或文件夹名称，也可以输入关键字查找。此处的搜索框可用来搜索已经安装了的软件，如图 1 – 28 所示。②按下键盘上的 F3 键或者是 Windows + F 组合键实现。③打开电脑磁盘，在路径右侧的搜索框中可以输入要搜索的名称或关键字，如图 1 – 29 所示。

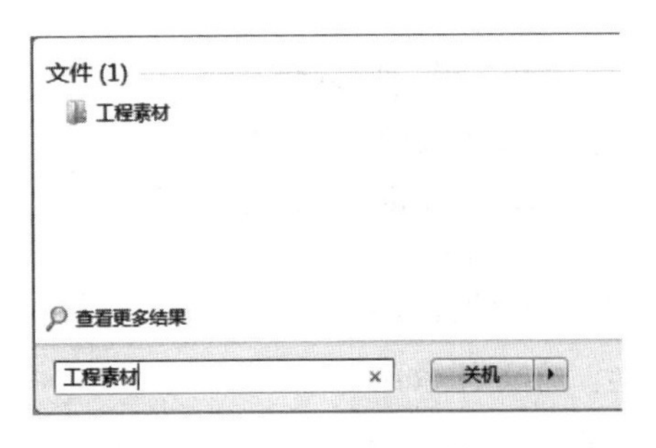

图 1 – 28　“开始”菜单的查找界面

图 1－29　本地磁盘右侧的搜索框

第 2 章

电脑打字基础

实训一　英文录入练习

一、实训目的和要求

（1）熟悉键盘、基本键位指法、标点符号、数字录入练习。

（2）能初步实现盲打。

二、实训内容和步骤

1. 熟悉键盘的五大分区

（1）掌握键盘总体布局，熟悉各功能键的功能。

（2）熟悉并练习盲打的正确的姿势。

2. 基本键位指法练习

（1）基本指法练习。

基本指法练习：A S D F J K L

基本指法练习：G　H

基本指法练习：E　I

基本指法练习：R　T　Y　U

基本指法练习：Q　W　O　P

基本指法练习：V　B　N　M

基本指法练习：C　X　，　.

（2）连续击键练习。

3. 标点符号、大小写字母转换练习

（1）标点符号输入练习。

（2）大小写字母转换练习。

4. 英文盲打练习

（1）使用“金山打字通”软件练习，先练习“英文初学者”。

（2）“英文初学者”达到一定速度后，再进行“英文中级练习”。

5. 对照以下文章，应用打字软件快速完成文章录入

The power and ambition of the giants of the digital economy is astonishing – Amazon has just announced the purchase of the upmarket grocery chain Whole Foods for $13. 5bn, but two years ago Facebook paid even more than that to acquire the What's App messaging service, which doesn't have any physical product at all. What What's App offered Facebook was an intricate and finely detailed web of its users' friendships and social lives.

Facebook promised the European commission then that it would not link phone numbers to Facebook identities, but it broke the promise almost as soon as the deal went through. Even without knowing what was in the messages, the knowledge of who sent them and towhom was enormously revealing and still could be. What political journalist, what party whip, would not want to know the makeup of the What's App groups in which Theresa May's enemies are currently plotting? It may be that the value to Amazon is not so much the 460 shops it owns, but the records of which customers have purchased what.

Competition law appears to be the only way to address these imbalances of power. But it is clumsy. For one thing, it is very slow compared to the pace of change within the digital economy. By the time a problem has been addressed and remedied it may have vanished in the marketplace, to be replaced by new abuses of power. But there is a deeper conceptual problem, too. Competition law as presently interpreted deals with financial disadvantage to consumers and this is not obvious when the users of these services don't pay for them. The users of their services are not their customers. That would be the people who buy advertising from them – and Facebook and Google, the two virtual giants, dominate digital advertising to the disadvantage of all other media and entertainment companies.

The product they're selling is data, and we, the users, convert our lives to data for the benefit of the digital giants. Just as some ants farm the bugs called aphids for the honeydew they produce when they feed, so Google farms us for the data that our digital lives yield. Ants keep predatory insects away from where their aphids feed; Gmail keeps the spammers out of our inboxes. It doesn't feel like a human or democratic relationship, even if both sides benefit.

实训二 中文汉字录入练习

一、实训目的和要求

(1) 熟练掌握常用的输入法，如搜狗输入法。

(2) 学会切换中英文输入法。

二、实训内容和步骤

（1）查看计算机中安装了哪些中文输入法，在任务栏右边的托盘上，单击输入法指示器⌨，打开输入法选择菜单，查看本机所安装的中文输入法，如图2－1所示。

图2－1　输入法面板

（2）使用正确的坐姿和指法，在教师的指导下，打开 Word 文档，在25分钟内录入以下内容，保存以后通过教学系统提交给老师。

工程招标公告

1. 招标条件

本招标项目×××小区项目（住宅地块一期、商业地块）施工总承包（项目名称）已由相关部门（项目审批、核准或备案机关名称）以（批文名称及编号）批准建设，项目业主为×××置业有限公司，建设资金来自自筹（资金来源），项目出资比例为100%，招标人为×××置业有限公司。项目已具备招标条件，现对该项目的施工进行公开招标。

2. 项目概况与招标范围

2.1 标段划分：不划分标段

2.2 建设地点：原昆明市×××

2.3 建设内容及规模：本次招标范围的净用地面积约为41 174.9平方米，总建筑面积约为75 787平方米，其中地上：50 035平方米，地下：25 752平方米；最高楼层为6层，项目投资约1.7亿元，其中绿化部分投资约1 000万元。

2.4 计划工期：540日历天

2.5 招标范围：×××小区项目（住宅地块一期、商业地块）施工总承包招标的全部内容，具体施工范围及内容详见经审核的施工图纸所含内容，具体以公布的工程量清单为准。

3. 投标人资格要求

3.1 本次招标要求投标人须具备①房屋建筑工程施工总承包贰级（含贰级）及以上资质；②城市园林绿化贰级（含贰级）及以上资质，2个以上（含2个）类似项目业绩，并在人员、设备、资金等方面具有相应的施工能力。

3.2 本次招标（☐接受；☑不接受）联合体投标。联合体投标的，应满足下列要求：______.

3.3 各投标人均可就上述标段投标，但可以中标的合同数量不超过__/__（具体数量）个标段。

4. 招标文件的获取

4.1 凡有意参加投标者，请于________年________月________日至________年________月________日________时（北京时间，下同）[详见附件×××小区项目（住宅地块一期、商业地块）施工总承包（项目名称）招标文件有关时间安排]，登录昆明市公共资源交易网（网址：http://www.kmggzy.com），凭企业数字证书（USBKEY）在网上获取招标文件及其他招标资料（含招标电子技术标文件，格式为*.ZBJ；招标电子商务标文件，格式为*.ZBS；图纸）；未办理企业数字证书（USBKEY）的企业需要按照昆明市公共资源交易电子认证的要求，办理企业数字证书（USBKEY），并在昆明市公共资源交易网完成注册通过后，便可获取招标文件，此为获取招标文件的唯一途径。

4.2 招标文件（含招标电子技术标文件，格式为*.ZBJ；招标电子商务标文件，格式为*.ZBS；图纸）供投标人下载使用。

4.3 招标人不提供邮购招标文件服务。

❖ **提示：**

录入文本前，熟悉使用 Ctrl + Shift 组合键和 Ctrl + 空格组合键进行中英文输入法的切换。

实训三　综合练习

一、实训目的和要求

（1）熟练掌握常用的输入法，如搜狗输入法。

（2）学会切换中英文输入法。

（3）了解常用的几种汉字输入方法，并能熟练掌握任一种汉字录入方法。

二、实训内容和步骤

①选择适合自己的输入法。

②使用正确的坐姿和指法。

③打开 Word 文档。

④对照以下文本内容，快速完成混合中英文的录入：

China's economy, one of the fastest - growing economies in the world and the biggest contributor to global growth, grew 9.9 percent year - on - year in the first three quarters of this year, according to official figures released on Monday, showing a trend of a slowdown amid the current global financial crisis.

In the third quarter, the gross domestic product (GDP) growth rate slowed down to 9 percent, the lowest in five years, from 10.6 percent in the first quarter, 10.1 percent for the second quarter and 10.4 percent in the first half of 2008.

China's economic growth has been on a steady decline since peaking in the second quarter of 2007. The slowing world economy pummeled by the global financial crisis and weaker demand for Chinese exports on international markets heavily weighted on the Chinese economy, according to Li Xiaochao, spokesperson for the National Bureau of Statistics.

中国经济是世界增长最快的经济之一，也是对全球经济增长的最大贡献者之一。根据周一官方发布的数据显示，中国经济在今年三个季度增长9.9%，这也表明最近全球财政危机的影响减小。

在今年的第三季度，国民生产总值增长速度下降到了9%，这是五年以来的最低值。第一季度增长百分比为10.6%，第二季度为10.1%，2008年上半年增长百分比为10.4%。

自从2007年第二季度达到顶峰后，至今中国经济增长百分比一直呈现稳定的下降趋势。根据国家数据统计局的发言人李小超所说，受全球金融危机的冲击，全球经济发展缓慢，在国际市场中，中国出口量需求减少，这严重影响了中国经济的发展。

⑤保存并关闭Word文档。

第 3 章

Word 2010 文字处理软件

实训一　文档的录入与编辑

一、实训目的和要求

（1）熟练掌握 Word 2010 的启动和退出。

（2）掌握录入文本、标点符号、特殊符号的技巧。

（3）选定文本对象，并对文本进行编辑。

（4）熟悉在 Word 中对文档进行查找、替换的操作。

（5）保存文档，并用指定的文件名和路径存盘。

二、实训内容和步骤

1. 创建空白文档

单击桌面左下角的“开始”菜单，选择“所有程序”→“Microsoft Office”→“Microsoft Word 2010”，创建新的 Word 空白文档。

❖ **提示：**

如果已经打开现有的 Word 文档，可选择“文件”选项卡，单击“新建”命令下的“空白文档”选项，再单击“创建”按钮，即可新建一个空白文档。

2. 文本录入

在新建的空白 Word 文档中，录入如下内容。

计算机的发展史

¤第一阶段（1959—1964 年），这一代计算机主要特点是使用【电子真空管】作为逻辑元件，存储器用延迟线或磁鼓，软件主要使用『机器语言』，并开始使用『符号语言』。1964 年出现的第一台计算机 ENIAC 使用了 18 000 个〖电子管〗，占地 170 平方米，重 30 吨，运算速度为 5 000 次/秒，体积大，速度慢，体型笨重。¶

第三阶段（1964—1970 年），这一代微机的主要特点是用中、小规模集成电路取代了晶体管，存储器仍使用磁芯。由于采用了集成电路，使微机体积更小，耗电更省，可靠性更高。在软件上，操作系统得到了进一步发展与普及，使微机的使用更方便了。除大型机外，这一时期还生产了小型机和超小型机，机型多样化了。应用也遍布科学计算、数据处理和工业控制等各个领域。第三代微机在存储量、运算速度和可靠性等方面比第二代微机又提高了一个数量级。

第二阶段（1959—1964 年），这一代微机的主要特点是用晶体管取代了电子管作为逻辑元件，软件方面出现了高级程序设计语言，如 ALGOL、FORTRAN，操作系统开始出现。这一代微机除进行科学计算之外，在数据处理方面得到了广泛的应用，而且开始应用于过程控制。

第四阶段（1970 年至今），这一代微机的主要特点是使用大规模集成电路取代中、小规模集成电路作为逻辑部件，主存储器也由大规模集成电路取代了磁芯存储器，这样就将微机的 CPU 和存储器各自集成在一块硅片上。在软件方面出现了与硬件相结合的产品。

3. 编辑文档

（1）复制粘贴。

使用复制粘贴，选定第二段文字，将第二段文字移动到第三段文字后面。

（2）查找替换。

将文档中所有“微机”替换为“计算机”，如图 3 - 1 所示。

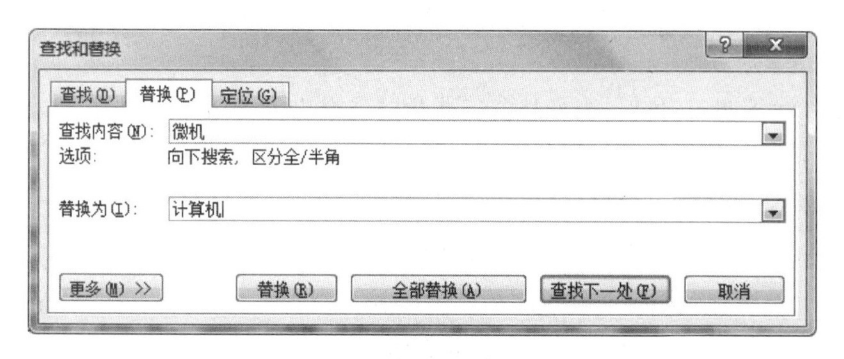

图 3 - 1 “查找和替换”对话框

4. 保存文档

将文档保存至“作业 + 姓名”文件夹中，如图 3 - 2 所示。

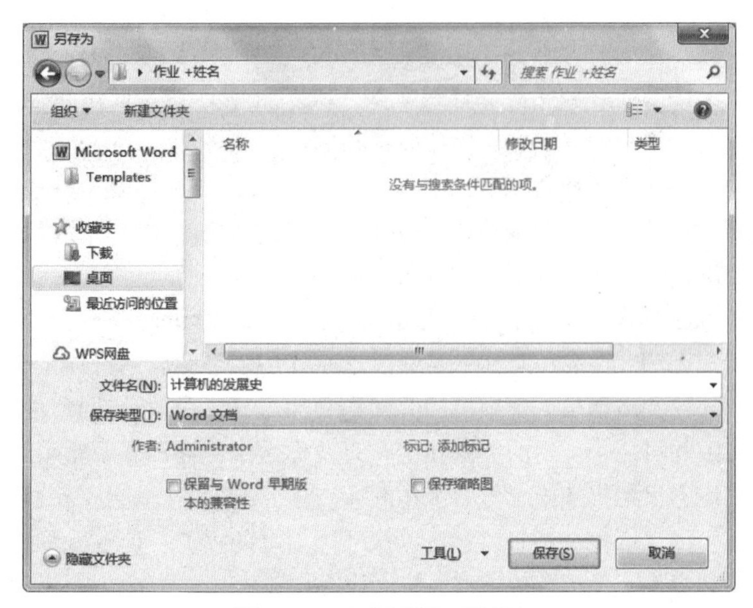

图 3-2　“另存为”对话框

实训二　文档的格式设置与编排

一、实训目的和要求

（1）掌握字体的格式设置。

（2）熟悉段落的设置。

（3）熟练项目符号的设置。

二、实训内容和步骤

1. 创建“人生经典格言”空白文档

单击桌面左下角的“开始”菜单，选择“所有程序”→“Microsoft Office”→“Microsoft Word 2010”，创建新的 Word 空白文档。

2. 文本录入

在新建的空白 Word 文档中录入如下内容。

人生经典格言

人生活在希望之中，旧的希望实现了，或者泯灭了，新的希望的烈焰随之燃烧起来。书籍是全世界的营养品。生活里没有书籍，就好像没有阳光；智慧中没有书籍，就好像鸟儿没有翅膀。

这个世界，真正潇洒的人不多，故作潇洒的人多。有人认为，那种一掷千金的派头就很潇洒，这是对潇洒的误解和嘲弄。这种派头，除了证明这钱八成不是他自己挣来的外，并不能再说明什么。高尚的追求，使生命变得壮丽，使精神变得富有；庸俗的追求，使人生变得昏暗，使青春变得衰朽。

在物质开拓中去开拓崇高的精神，在精神开拓中去开拓人生的价值。也许你航行了一生也没有到达彼岸，也许你攀登了一世也没能登上顶峰。

倘若把感情贯注到事业上去，手艺匠也可以成为极伟大的艺术家。我们在上路的时候，一定要带上三件法宝，而不是赤手空拳。这三件法宝是健壮的身体、丰富的知识和足够的勇气。所有的输和赢都是人生经历的偶然和必然。只要勇敢地选择远方，你也就注定选择了胜利和失败的可能。人生的关键在于：只要你做了，输和赢都很精彩。大自然是个忠实的供给者，但它只把报酬给予努力工作的人。

生活中，谅解可以产生奇迹。谅解可以挽回感情上的损失；谅解犹如一个火把，能照亮由焦躁、怨恨和复仇心理铺就的道路。

3. 设置字体

(1) 字体设置：将第1行标题设置为黑体，正文第1段文字设置为仿宋，正文第3段文字设置为楷体。操作方法如下：

选中相应的目标文本，选择“开始”选项卡“字体”组，单击右下方的“对话框启动器”按钮，打开如图3-3所示的“字体”对话框，在“中文字体”中设置相应的字体。

图3-3 “字体”对话框

(2) 字号设置：将第1行标题设置为二号字，正文最后一段文字设置为小四号字。操

作方法如下：

选中相应的目标文本，选择“开始”选项卡“字体”组，单击右下方的“对话框启动器”按钮，打开如图3－3所示的“字体”对话框，在“字号”中设置相应的字号。

(3) 字形设置：将第1行标题设置为加粗，正文第2段文字加下划线，正文最后一段文字加着重符号。操作方法如下：

选中第一行标题，选择“开始”选项卡“字体”组，单击右下方的“对话框启动器”按钮，打开如图3－3所示的“字体”对话框，在“字形”中选择“加粗”。

选中正文第2段文字，选择“开始”选项卡“字体”组，单击右下方的“对话框启动器”按钮，打开如图3－3所示的“字体”对话框，在“下划线线型”中选择线型，如图3－4所示。

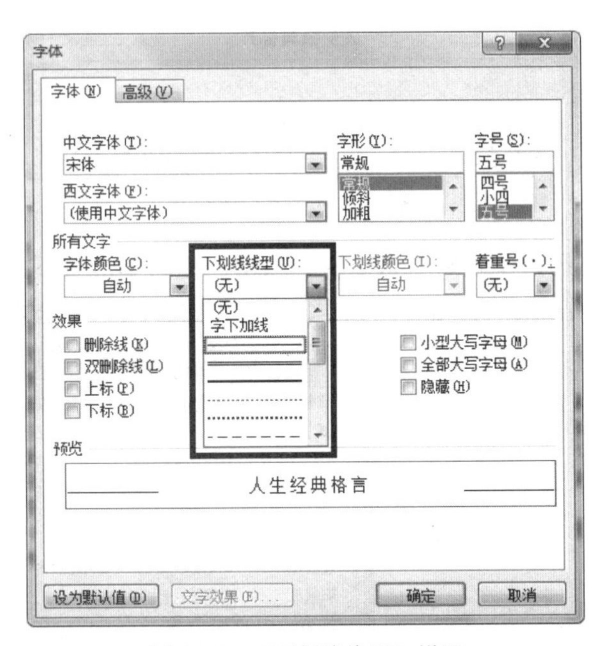

图3－4　“下划线线型”设置

选中正文最后一段文字，选择“开始”选项卡“字体”组，单击右下方的“对话框启动器”按钮，打开如图3－3所示的“字体”对话框，在“着重号”中选择“·”。

设置字符间距：将第1行标题字符间的距离设置为加宽2磅。

选中第1行标题，选择“开始”选项卡“字体”组，单击右下方的“对话框启动器”按钮，打开如图3－3所示的“字体”对话框，单击“高级”选项卡，如图3－5所示，在“字符间距”的“间距”中选择“加宽”，并设置磅值。

(4) 设置首字下沉：将正文第1段文字设置首字下沉，下沉行数为3行，字体为楷体。

选中第1行标题，选择“插入”选项卡“文本”组，选择“首字下沉”，打开“首字下沉”对话框，如图3－6所示，设置下沉行数为3行，字体为楷体。

4. 设置段落

(1) 设置对齐方式：第1行标题设置为居中对齐方式。

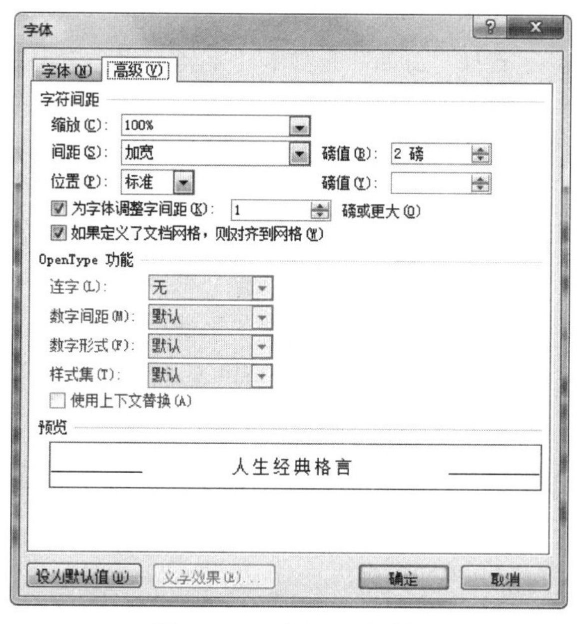

图 3 – 5 “高级”选项卡

选中第 1 行标题，选择“开始”选项卡“段落”组，单击右下方的“对话框启动器”按钮，打开如图 3 – 7 所示的“段落”对话框，在“对齐方式”中选择“居中”。

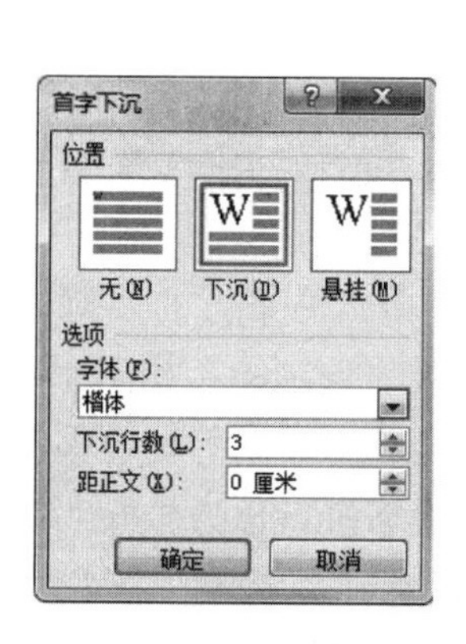

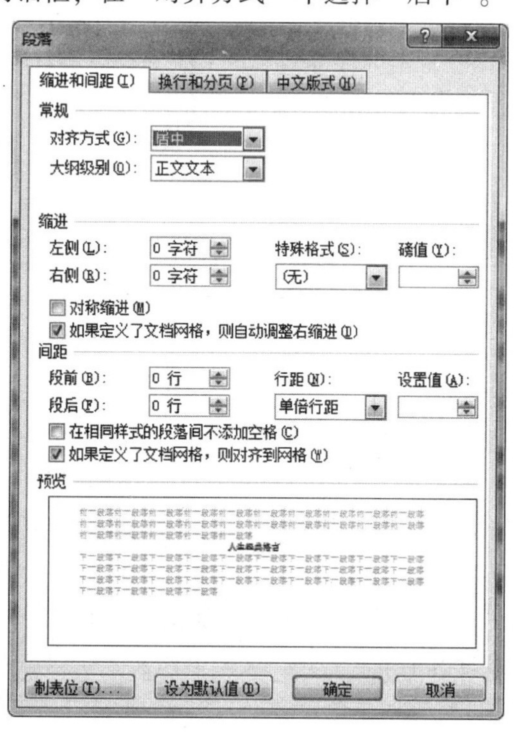

图 3 – 6 “首字下沉”对话框

图 3 – 7 “段落”对话框

(2) 设置段落缩进：除第一段外，为正文各段文字设置首行缩进，缩进 2 个字符。

选中第 2、3、4、5 段文本，选择“开始”选项卡“段落”组，单击右下方的“对话框

启动器”按钮，打开如图3－7所示的“段落”对话框，在“特殊格式”中选择“首行缩进”，设置为2个字符。

（3）设置行（段落）间距：第1行标题设置段后为1行，正文各段文字的段前、段后设置为0.5行，正文各段的文字的行距设置为18磅。

①选中第1段文本，选择“开始”选项卡“段落”组，单击右下方的“对话框启动器”按钮，打开如图3－7所示的“段落”对话框，在“间距”中设置“段后”为1行。

②选中第2、3、4、5段文本，选择“开始”选项卡“段落”组，单击右下方的“对话框启动器”按钮，打开如图3－7所示的“段落”对话框，在“间距”中分别设置“段前”“段后”为0.5行。

③选中所有文段，选择“开始”选项卡“段落”组，单击右下方的“对话框启动器”按钮，打开如图3－7所示的“段落”对话框，在“间距”中设置“行距”为固定值18磅。

5. 设置项目的符号

为正文2、3、4、5段每段文本前添加项目符号◇：选中正文2、3、4、5段文本，选择“开始”选项卡“段落”组中的“项目符号”下拉菜单，在“项目符号库”中选择项目符号，如图3－8所示。

6. 保存文档

将文档保存至“作业＋姓名”的文件夹中。文档的预览效果如图3－9所示。

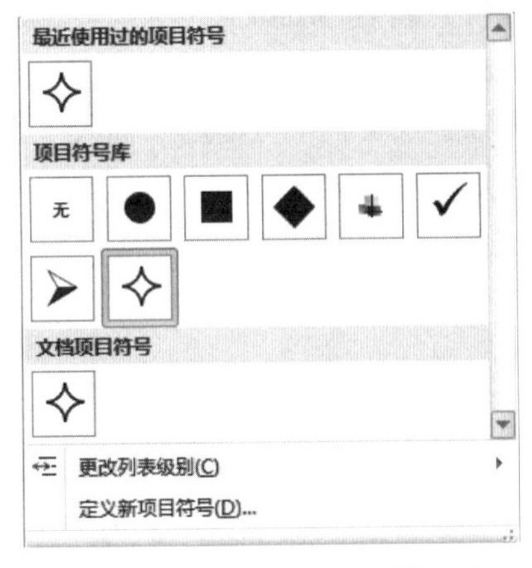

图3－8　“项目符号”下拉列表

人生经典格言

人生活在希望之中，旧的希望实现了，或者泯灭了，新的希望的烈焰随之燃烧起来。书籍是全世界的营养品。生活里没有书籍，就好像没有阳光；智慧中没有书籍，就好像鸟儿没有翅膀。

◇ 这个世界，真正潇洒的人不多，故作潇洒的人多。有人认为，那种一掷千金的派头就很潇洒，这是对潇洒的误解和嘲弄。这种派头，除了证明这钱八成不是他自己挣来的外，并不能再说明什么。高尚的追求，使生命变得壮丽，使精神变得富有；庸俗的追求，使人生变得昏暗，使青春变得衰朽。

◇ 在物质开拓中去开拓崇高的精神，在精神开拓中去开拓人生的价值。也许你航行了一生也没有到达彼岸，也许你攀登了一世也没能登上顶峰。

◇ 倘若把感情贯注到事业上去，手艺匠也可以成为极伟大的艺术家。我们在上路的时候，一定要带上三件法宝，而不是赤手空拳。这三件法宝是健壮的身体、丰富的知识和足够的勇气。所有的输和赢都是人生经历的偶然和必然。只要勇敢地选择远方，你也就注定选择了胜利和失败的可能。人生的关键在于：只要你做了，输和赢都很精彩。大自然是个忠实的供给者，但它只把报酬给予努力工作的人。

◇ 生活中，谅解可以产生奇迹。谅解可以挽回感情上的损失；谅解犹如一个火把，能照亮由焦躁、怨恨和复仇心理铺就的道路。

图3－9　文档预览效果

实训三　Word 表格的创建与美化——制作资讯系统问题放映单

一、实训目的和要求

（1）熟练掌握创建表格的方法，根据不同的情况灵活运用不同的方法。

（2）熟练编辑表格，美化表格。

二、实训内容和步骤

1. 创建表格

（1）新建 Word 文档：单击桌面左下角的“开始”菜单，选择“所有程序”→“Microsoft Office”→“Microsoft Word 2010”，创建新的 Word 空白文档。

（2）在文档中可使用“插入”选项卡“表格”组中的“表格”命令创建表格，创建表格的方法有拖拉法、对话框法、绘制法，根据需要使用对话框法插入一个 19 行 6 列的新表格，如图 3－10 所示。

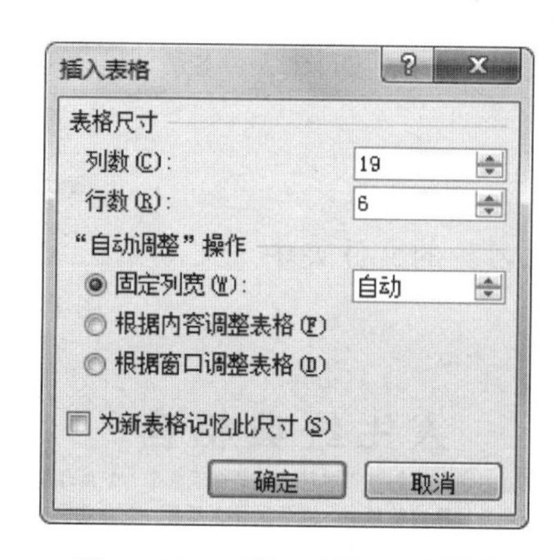

图 3－10　“插入表格”对话框

2. 编辑表格

（1）在插入好的表格中，输入相应的文字，如图 3－11 所示。

（2）合并单元格。

选中需要合并的单元格，单击“布局”选项卡下“合并”组中的“合并单元格”按钮，即可完成合并单元格操作，如图 3－12 所示。

（3）设置行高列宽。

根据需要设置相应的行高和列宽。选择“表格工具”下的“布局”选项卡，设置行高和列宽，如图 3－13 所示。

申请公司		申请单位（细到组）	申请人	联络电话	
问题种类	□AP 故障				
	□OA 故障				
	□硬件故障				
	□网络故障				
	□其他问题				
种类需求	邮箱□新增□/撤销	邮箱名		口令	
	因特网□新增/□撤销	使用者			
	□TTL 系统权限撤销	用户名		口令	
	□AP 需求	需求原因说明			主管签核
	□OA 需求				
	□其他需求				
承办资讯		预计完成时间		实践完成时间	
现场资讯意见	处理状况说明与分析				资讯签核
单位意见					主管签核
结果确认	处理结果及意见				主管签核

图 3－11　录入表格文字

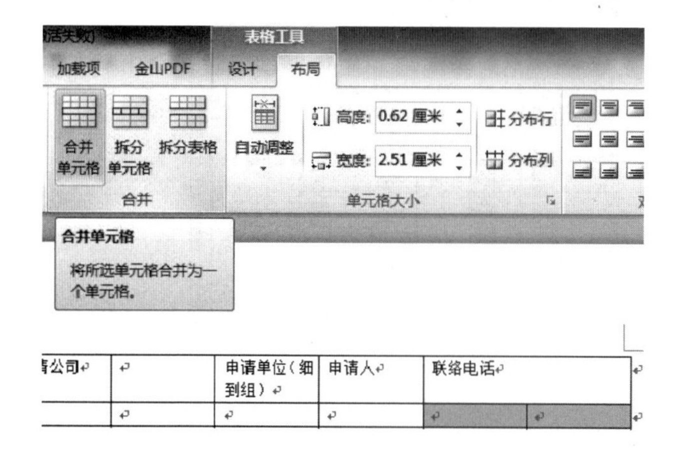

图 3－12　合并单元格

图 3－13　设置行高和列宽

（4）设置单元格文字对齐方式。

选中整个表格文字，在“布局”选项卡下“对齐方式”组中单击“水平居中”按钮，如图 3－14 所示。

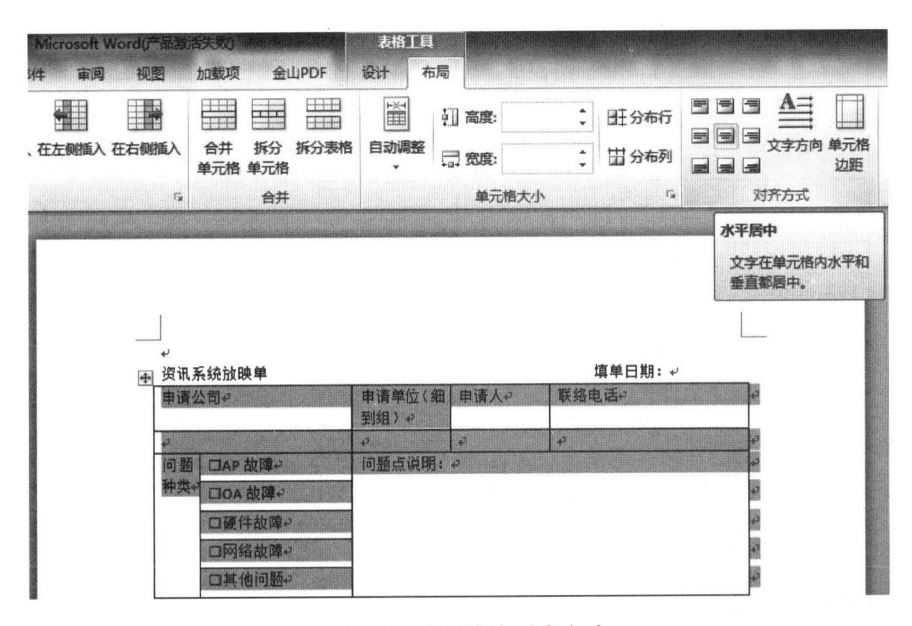

图 3－14　设置文字对齐方式

3. 美化表格

(1) 设置边框和底纹。

根据需要设置相应的行高和列宽。选择“表格工具”下的“设计”选项卡，打开边框的下拉菜单，选择“边框和底纹”，弹出“边框和底纹”对话框，对边框和底纹进行设置，如图 3－15 所示。

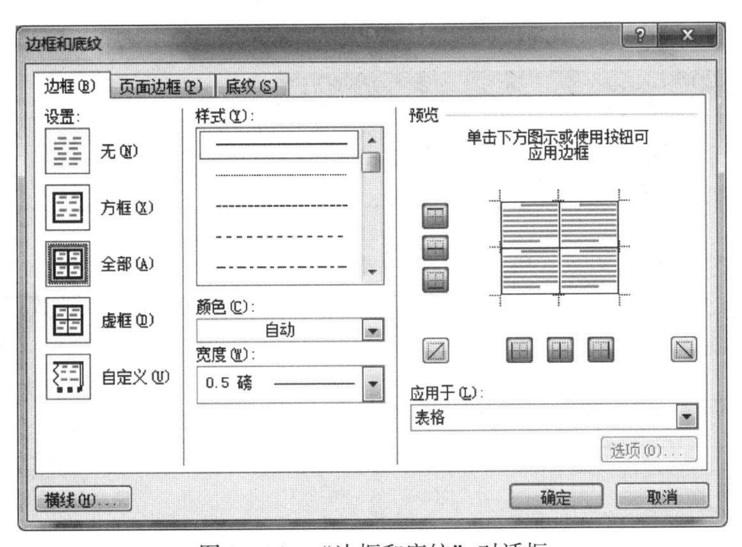

图 3－15　“边框和底纹”对话框

(2) 添加文字、调整行高和列宽。

根据表格的内容添加相应的文字，并设置文字格式。同时，使用鼠标调整行高和列宽，使表格看起来更加舒适，如图 3－16 所示。

资讯系统反映单　　　　　　　　　　　　　　　　　　　　填单日期：

<table>
<tr><td colspan="2">申请公司</td><td>申请单位（细到组）</td><td>申请人</td><td colspan="2">联络电话</td></tr>
<tr><td colspan="2"></td><td></td><td></td><td colspan="2"></td></tr>
<tr><td rowspan="5">问题种类</td><td>□AP 故障</td><td colspan="4" rowspan="5">问题点说明：</td></tr>
<tr><td>□OA 故障</td></tr>
<tr><td>□硬件故障</td></tr>
<tr><td>□网络故障</td></tr>
<tr><td>□其他问题</td></tr>
<tr><td rowspan="6">种类需求</td><td>邮箱□新增□/撤销</td><td>邮箱名</td><td></td><td>□令</td><td></td></tr>
<tr><td>因特网□新增/□撤销</td><td>使用者</td><td colspan="3"></td></tr>
<tr><td>□TTL 系统权限撤销</td><td>用户名</td><td></td><td>□令</td><td></td></tr>
<tr><td>□AP 需求</td><td colspan="3" rowspan="3">需求原因说明：</td><td>主管签核</td></tr>
<tr><td>□OA 需求</td><td rowspan="2"></td></tr>
<tr><td>□其他需求</td></tr>
<tr><td>承办资讯</td><td></td><td>预计完成时间</td><td></td><td>实践完成时间</td><td></td></tr>
<tr><td rowspan="2">现场资讯意见</td><td colspan="4" rowspan="2">处理状况说明与分析：</td><td>资讯签核</td></tr>
<tr><td></td></tr>
<tr><td rowspan="2">单位意见</td><td colspan="4" rowspan="2"></td><td>主管签核</td></tr>
<tr><td></td></tr>
<tr><td rowspan="2">结果确认</td><td colspan="4" rowspan="2">处理结果及意见</td><td>主管签核</td></tr>
<tr><td></td></tr>
</table>

注：本表依据（资讯系统管理规范）制定，用于单位反映系统故障处理结果

图3－16　“资讯系统反映单”效果图

实训四　文档的版面设置与编排

一、实训目的和要求

（1）根据需要设置页面。

（2）掌握插入艺术字的方法。

（3）能够对段落设置分栏效果。

（4）根据需要设置边框和底纹。

（5）能够在文档中插入图片，编辑图片格式。

（6）熟悉插入页眉和页码的方法。

二、实训内容和步骤

1. 录入文本

新建空白 Word 文档，录入如下文本。

左撇子，右撇子

这似乎有点奇怪，左撇子越来越多。按社会学家的说法，最近 100 年来左撇子增加了两倍。左撇子已经占了人口的 1/4，在某些地区甚至达到 1/3！在美国，三个人里面差不多就有一个是左撇子，美国最近的四任总统有三个是左撇子——罗纳德·里根、乔治·布什、比尔·克林顿。对人类来说，这意味着什么？下面是俄罗斯心理学家弗拉基米尔·列维和研究遗传生理构成的遗传学家维根·盖奥达基扬的阐述。

有统计表明，人口中的左撇子越来越多。这是怎么了，是正在发生突变吗？还是只是人类发展进化过程中一个正常的阶段？

事实上，尽管左撇子大有越来越多的趋势，但“左撇子化”进程还没有真正出现，将来也不会出现。只是因为现在左撇子比以往更能自由地展现自己的特性，这样就显得好像左撇子多起来了。世界变得更自由了，从前掩盖起来或没被发现的事物现在都暴露出来了。这一切都源于今天我们比以往拥有更大的自我展现、自我肯定的自由度。

自然法则的力量是伟大的。最主要的是遗传规律，其次是分子排列规律和化学规律。左撇子现象不仅存在于生命体中，而且存在于没有生命的物质中。一个机体中的分子总是有“左撇子”“右撇子”之分的，而且二者之间所占比重是固定的：任何一种物质中的“右撇子”的分子都占大多数，大概是 4/5，而剩下的 1/5 是“左撇子”。人类的右撇子和左撇子的比例是 4:1。这就是源于自然的左撇子规律的原始基础，这规律很神秘，但又是显而易见、不容置疑的。

2. 页眉设置

（1）将文档的纸型设置为自定义大小，宽度为 22 厘米，高度为 30 厘米；将文档的页边距设置为上、下各 3 厘米，左、右各 3.5 厘米。

（2）选择“页面布局”选项卡“页面设置”组，单击“页边距”，在下拉列表中选择“自定义大小”，出现如图 3－17 所示的“页面设置”对话框。在“页边距”选项卡中对页面的上、下、左、右边距进行设置。设置好页边距后，切换至“纸张”选项卡对纸张的大小进行设置。

3. 设置艺术字

（1）插入艺术字。

①将标题“左撇子，右撇子”设置为艺术字，艺术字样式为第 3 行第 4 列；将艺术字

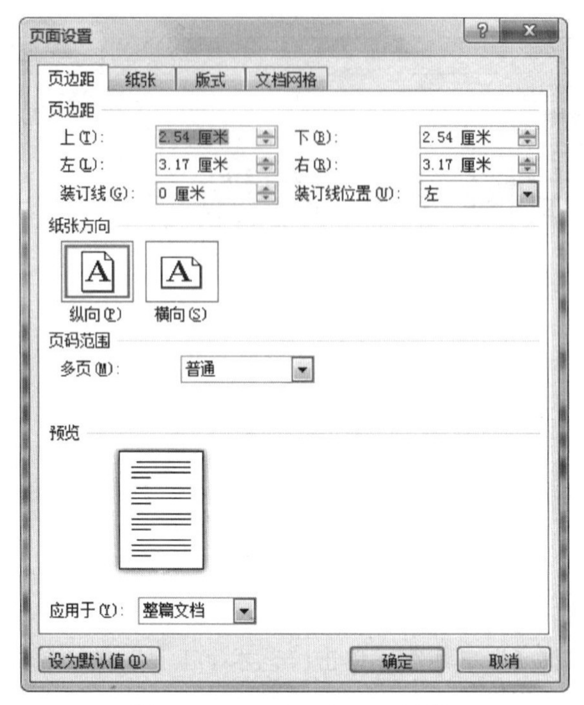

图 3－17　“页面设置”对话框

设置为黑体，字号设置为 40 磅。

②选中标题，选择“插入”选项卡“文本”组，单击“艺术字”，在弹出的艺术字库中选择艺术字样式，如图 3－18 所示。选择好艺术字后，在图 3－19 所示的“编辑艺术字文字”对话框中对艺术字的字体、字号进行设置。

图 3－18　插入艺术字

（2）编辑艺术字。

①将艺术字的形状设置为“山形”，艺术字阴影设置为“阴影样式 6”，艺术字的文字环绕方式设置为“四周型”。

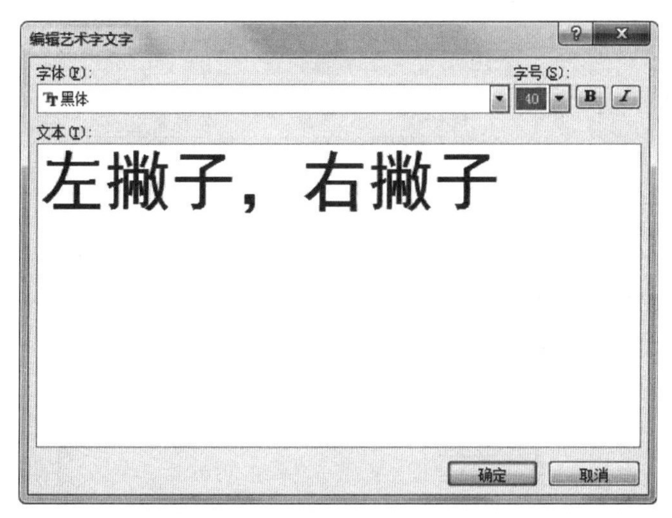

图 3－19 “编辑艺术字文字”对话框

②更改艺术字形状。

选择“左撇子，右撇子”艺术字，单击“艺术字工具”的“格式”选项卡“艺术字样式”组中的“更改形状”按钮，选择艺术字的形状即可，如图 3－20 所示。

（3）设置艺术字阴影样式。

选择“左撇子，右撇子”艺术字，单击“艺术字工具”的“格式”选项卡“阴影样式”组中的“阴影效果”按钮，选择阴影效果即可，如图 3－21 所示。

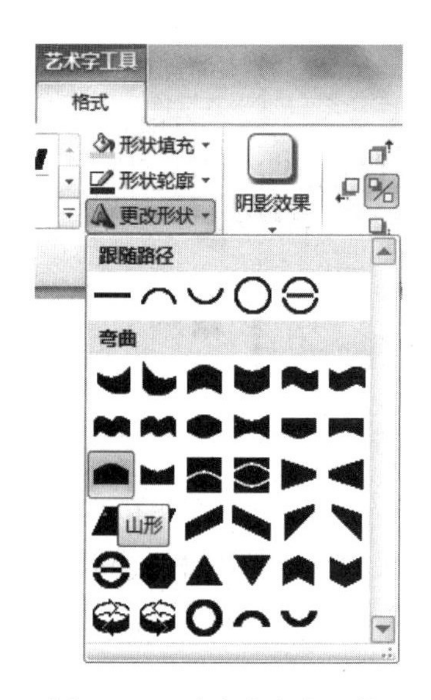

图 3－20 改变艺术字形状

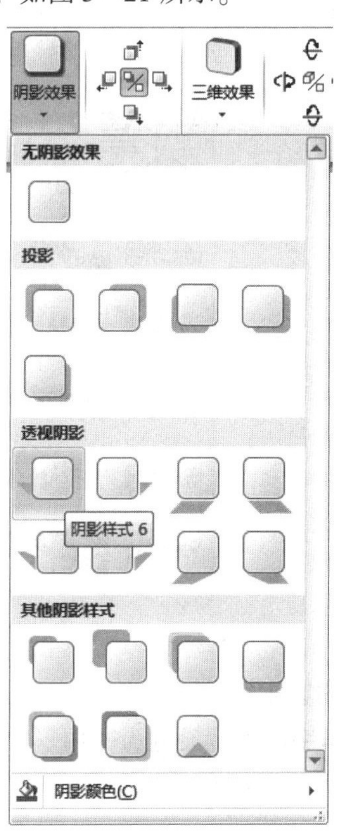

图 3－21 设置艺术字阴影效果

(4) 设置艺术字文字环绕方式。

选择“左撇子，右撇子”艺术字，单击“艺术字工具”的“格式”选项卡“排列”组中的“自动换行”按钮，在弹出的下拉列表中选择环绕方式即可，如图3－22所示。

4. 设置分栏

将正文第2、3、4段文本设置为三栏格式、不加分割线、栏宽相等。

选中第2、3、4段文本，选择“页面布局”选项卡“页面设置”组，单击分栏，在弹出分栏中选择“更多分栏”，出现如图3－23所示的“分栏”对话框，对分栏的栏数、是否加分割线，栏宽进行设置。

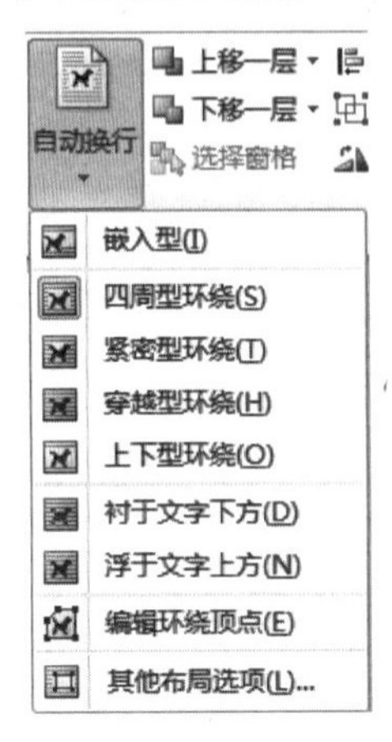

图3－22　设置文字环绕方式

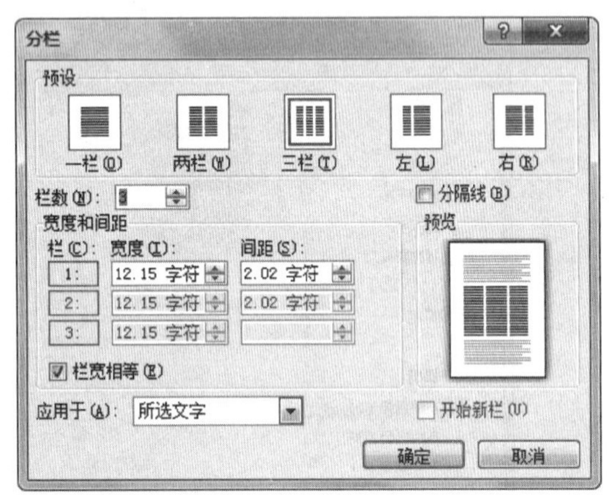

图3－23　“分栏”对话框

5. 设置边框和底纹

(1) 为正文第1段文字设置底纹，图案样式为“浅色上斜线”，颜色设置为“淡蓝”。

(2) 选中第1段文本，选择“开始”选项卡“段落”组，单击下框线，在弹出的下拉菜单中选择“边框和底纹”，出现如图3－24所示的“边框和底纹”对话框，选择“底纹”选项卡，可设置底纹的颜色和图案。

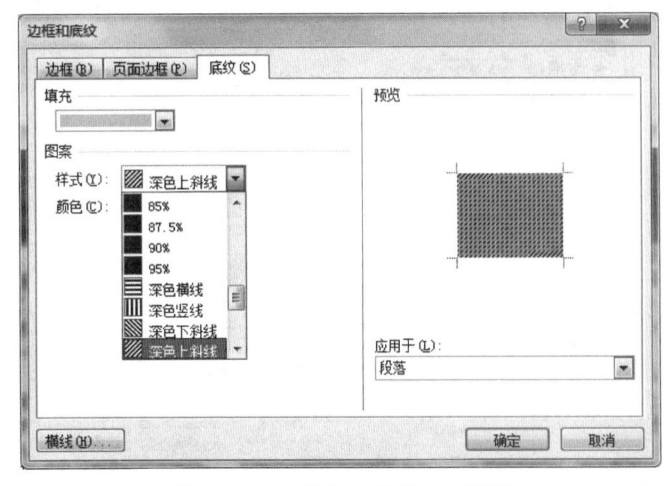

图3－24　“边框和底纹”对话框

6. 插入图片

在正文第3段和第4段之间插入图片，图片位于桌面的“作业+姓名”文件夹中，图片缩小为原图的90%，图片的环绕方式为“四周型”。

（1）插入图片。

将鼠标指针定位到要插入图片的位置，单击“插入”选项卡“插图”组中的“图片”按钮，在弹出的“插入图片”对话框中选择需要插入图片的位置和相应的图片后单击“插入”按钮，即可将图片插入文档中，如图3-25所示。

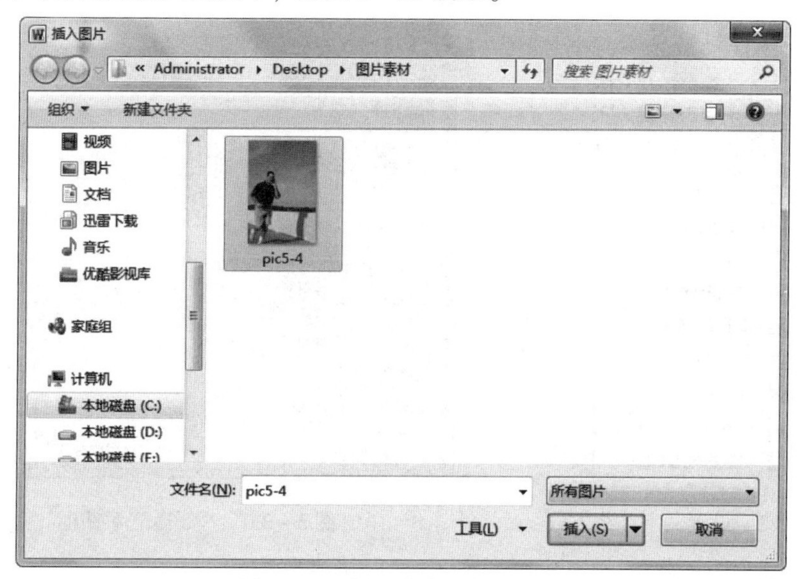

图3-25 插入来自文件的图片

（2）设置图片大小。

选择图片，单击“图片工具”的“格式”选项卡中的“大小”组，单击右下方的“对话框启动器”按钮，打开如图3-26所示的“布局”对话框，对图片的大小进行设置。

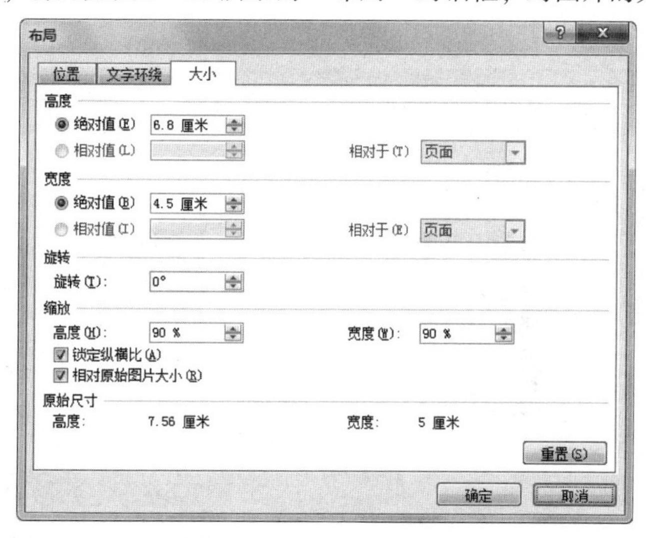

图3-26 “布局”对话框

（3）设置图片环绕方式。

选择图片，单击“图片工具”的“格式”选项卡“排列”组中的“自动换行”按钮，在弹出的下拉列表中选择环绕方式即可，如图3－27所示。

图3－27　设置图片的环绕方式

实训五　制作行政文件

一、实训目的和要求

（1）熟练掌握文字录入的方法。

（2）掌握对文档的排版技巧。

（3）设置文档页面。

二、实训内容和步骤

1. 录入文档

新建空白文档“传媒学院人事处文件”，录入如下内容，将文件保存在“作业＋姓名”文件夹中。

云南经贸外事职业学院办公室
院办 <2019 > 18 号
云南经贸外事职业学院
关于 2019 年国庆节放假的通知
各部门、各教学单位：
根据《国务院办公厅关于 2019 年部分节假日安排的通知》（国办发明电〔2018〕15 号）精神，结合学院实际情况，现将 2019 年国庆节放假安排如下：

1. 国庆节：9 月 30 日（星期一）至 10 月 7 日（星期一）放假调休，共 8 天。10 月 8 日（星期二）收假，正式上班、上课。9 月 28 日（星期六）、9 月 29 日（星期日）、10 月 12 日（星期六）照常上班、上课。

2. 9 月 28 日（星期六）上 9 月 30 日（星期一）的课程、9 月 29 日（星期日）上 10 月 4 日（星期五）的课程、10 月 12 日（星期六）上 10 月 7 日（星期一）的课程；由教务处按照调整后的上班及调休时间统筹安排好师生上课时间，不得出现遗漏、差错。

3. 各班级于 10 月 7 日（星期一）19:30 分召开班会，清点学生返校情况，及时上报学生处。

放假期间，各部门、各教学单位要提前布置，妥善安排好国庆节期间的值班和安全保卫工作，认真做好防火、防盗等安全工作，遇有突发情况要及时处理并按规定报告。保卫处和现代教育技术中心按照《云南省教育厅关于做好安全管理漏洞整改工作的紧急通知》要求，每天 16:30 分前上报当天校园及网络安全状况。

云南经贸外事职业学院办公室
2019 年 9 月 24 日

2. 编排文档

（1）设置文档字体。

将正文第 1 行标题设置为黑体一号字加粗，字体颜色为红色，第 3、4 行文字设置黑体小二号字，其余所有文字设置为仿宋四号字。

选中相应的目标文本，选择“开始”选项卡“字体”组，单击右下方的“对话框启动器”按钮，打开“字体”对话框，在“中文字体”中设置相应的字体。

（2）设置段落。

①设置对齐方式：将正文第 1 行标题对齐方式设置为居中对齐，第 2 行文字设置对齐方式为左对齐，第 3、4 行文字设置对齐方式为居中对齐，正文最后两行的对齐方式设置为左对齐。

选中目标文本，选择“开始”选项卡“段落”组，单击右下方的“对话框启动器”按钮，打开“段落”对话框，在“对齐方式”中对文本的对齐方式进行设置。

②设置段落缩进：将正文第 1、2、3、4、5、6 段文字设置首行缩进 2 个字符。

选中目标文本，选择“开始”选项卡“段落”组，单击右下方的“对话框启动器”按

钮，打开“段落”对话框，在“缩进”中对文本的对齐方式进行设置。

（3）插入特殊符号。

在第1行文字与第2行文字中间插入分割线——★—。

在第1行与第2行之间新建一行空行，将光标位于新行，选择“插入”选项卡“符号”组的下三角按钮，在下拉列表中选择“其他符号”，然后在弹出的对话框中选择星号，单击“插入”按钮，最后单击“关闭”按钮关闭对话框。多次按空格键将星号置于该行中间，如图3－28所示。

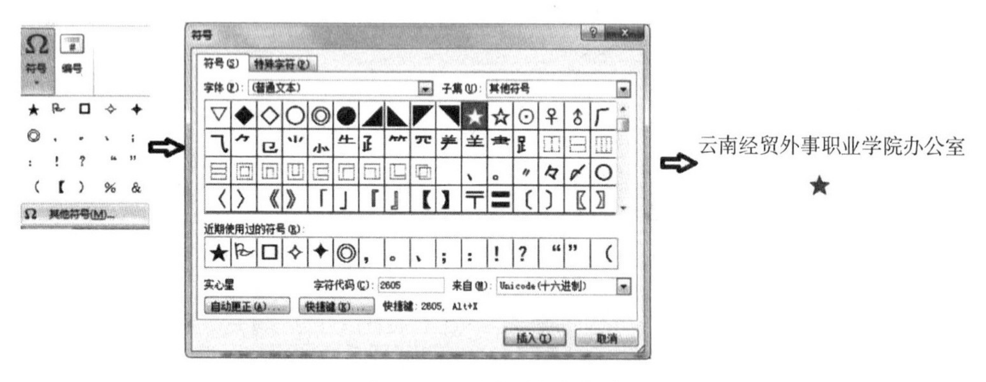

图3－28　插入特殊符号

选择空格符，单击“字体”组中的“下划线”，选择粗实线。保持下划线选中状态，单击“字体”组右下方的“对话框启动器”按钮，打开“字体”对话框，切换到“高级”选项卡，然后设置所选下划线的位置为提升，磅值为10磅，如图3－29所示。

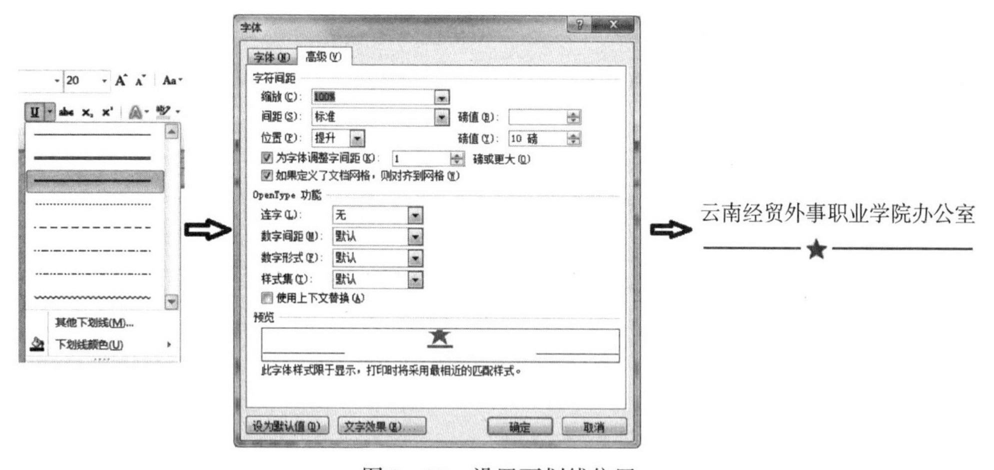

图3－29　设置下划线位置

3. 页面设置

将文档的纸型设置为A4纸；将文档的页边距设置为上、下各3.2厘米，左、右各3.5厘米。

选择“页面布局”选项卡“页面设置”组，单击“页边距”，在弹出的下拉列表中选择“自定义大小”，在图3－30所示的“页边距”选项卡中对页面的上、下、左、右边距进行设置，设置好页边距后，切换至“纸张”选项卡对纸张进行设置。设置好页面的文档如图3－31 所示。

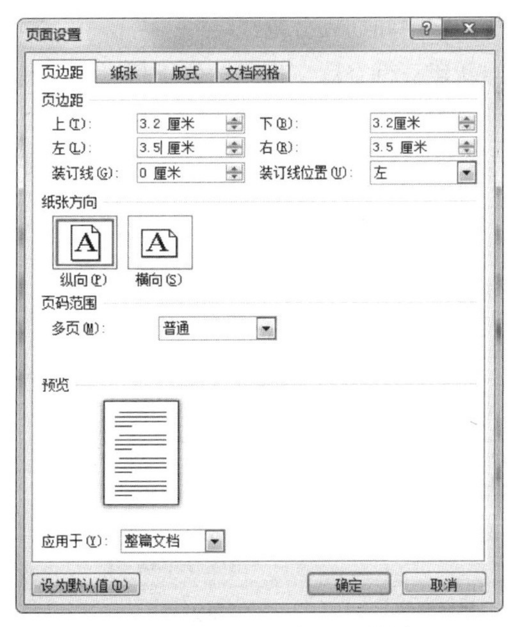

图 3－30 “页面设置”对话框

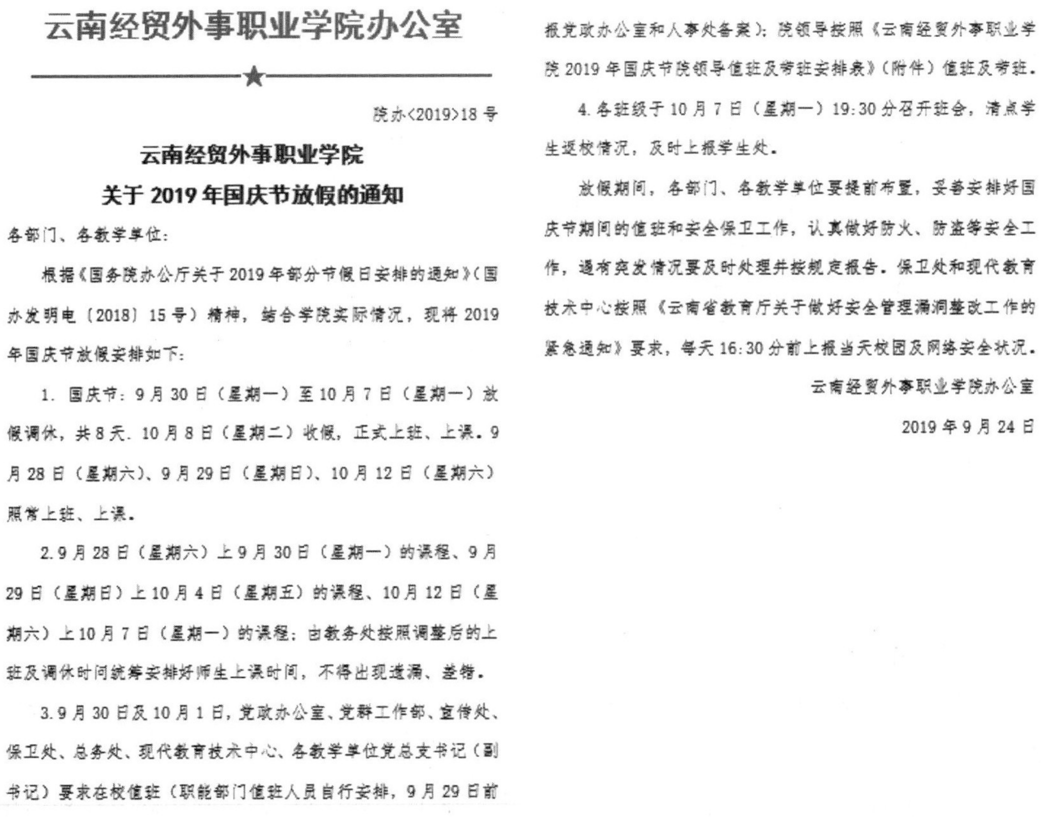

云南经贸外事职业学院办公室

院办〈2019〉18 号

云南经贸外事职业学院
关于 2019 年国庆节放假的通知

各部门、各教学单位：

根据《国务院办公厅关于 2019 年部分节假日安排的通知》（国办发明电〔2018〕15 号）精神，结合学院实际情况，现将 2019 年国庆节放假安排如下：

1. 国庆节：9 月 30 日（星期一）至 10 月 7 日（星期一）放假调休，共 8 天。10 月 8 日（星期二）收假，正式上班、上课。9 月 28 日（星期六）、9 月 29 日（星期日）、10 月 12 日（星期六）照常上班、上课。

2. 9 月 28 日（星期六）上 9 月 30 日（星期一）的课程、9 月 29 日（星期日）上 10 月 4 日（星期五）的课程、10 月 12 日（星期六）上 10 月 7 日（星期一）的课程；由教务处按照调整后的上班及调休时间统筹安排好师生上课时间，不得出现遗漏、差错。

3. 9 月 30 日及 10 月 1 日，党政办公室、党群工作部、宣传处、保卫处、总务处、现代教育技术中心、各教学单位党总支书记（副书记）要求在校值班（职能部门值班人员自行安排，9 月 29 日前报党政办公室和人事处备案）；院领导按照《云南经贸外事职业学院 2019 年国庆节院领导值班及带班安排表》（附件）值班及带班。

4. 各班级于 10 月 7 日（星期一）19:30 分召开班会，清点学生返校情况，及时上报学生处。

放假期间，各部门、各教学单位要提前布置，妥善安排好国庆节期间的值班和安全保卫工作，认真做好防火、防盗等安全工作，遇有突发情况要及时处理并按规定报告。保卫处和现代教育技术中心按照《云南省教育厅关于做好安全管理漏洞整改工作的紧急通知》要求，每天 16:30 分前上报当天校园及网络安全状况。

云南经贸外事职业学院办公室

2019 年 9 月 24 日

图 3－31 制作好的行政文档

实训六　制作问卷调查

一、实训目的和要求

（1）熟练掌握录入文字及特殊符号的技巧。

（2）熟练对文档进行排版。

（3）熟练设置边框和底纹。

（4）设置文档页面。

（5）自定义项目符号。

二、实训内容和步骤

1. 录入文本

新建空白文档“大学生对老师教学满意度调查表”，录入如下内容，将文件保存在“作业+姓名”文件夹中。

❖ **提示：**

如果录入的内容格式、文字或符号相似，则先录入一部分内容并调整完格式之后，对该部分内容进行复制，之后按Enter键进行换行，再进行粘贴，最后将副本修改成需要的效果即可。

大学生对老师教学满意度调查表

问卷描述

欢迎参加本次关于大学生对老师教学满意度的问卷调查，请大家根据自身实际情况认真填写，会对大家的答案严格保密。

问卷题目区

Q1：性别

○男　　○女

Q2：你的老师在课后与学生交流的情况

○总是　　○经常　　○很少　　○几乎没有

Q3：你的老师上课找人回答问题吗

○总是　　○经常　　○很少　　○没有

Q4：你的老师课后给你留作业吗

○总是　　○经常　　○很少　　○没有

Q5：老师上课除了用PPT，还会在黑板上用粉笔做解释吗

○总是　　○经常　　○很少　　○没有

Q6：老师上课的时候出去接听电话的情况

○总是 ○经常 ○很少 ○没有

Q7：老师上课期间的迟到与早退情况

○总是 ○经常 ○很少 ○没有

Q8：老师上课习惯性一口气讲到下课

○总是 ○经常 ○很少 ○没有

Q9：你习惯在老师的课上玩手机或者睡觉

○总是 ○经常 ○很少 ○没有

Q10：你的老师是不是觉得大学生只要教一遍就会了

○总是 ○经常 ○很少 ○没有

Q11：老师上课的进度怎么样

○很快 ○平稳 ○较慢

Q12：老师上课仪表姿态是否端庄得体

○是 ○否

Q13：老师对课堂的违纪现象，如睡觉、玩手机是否会及时制止

○总是 ○经常 ○很少 ○没有

Q14：对于老师讲课的内容你的理解程度如何

○难以理解 ○勉强理解 ○通俗易懂 ○过于简单

Q15：老师上课的步骤与课本的吻合程度

○非常吻合 ○大体一致 ○较大偏差

Q16：老师能生动形象地解释一些疑难问题

○总是 ○经常 ○很少 ○没有

Q17：老师的课件条理清晰、安排合理

○总是 ○经常 ○很少 ○没有

Q18：老师在上课时带动的气氛情况

○总是 ○经常 ○很少 ○没有

Q19：老师讲课重点突出，有条不紊

○总是 ○经常 ○很少 ○没有

Q20：当你课程中遇到很难的问题时，老师会给你解决吗

○总是 ○经常 ○很少 ○没有

Q21：你对这位老师的喜欢程度

○特别 ○ 一般 ○不

Q22：你对这位老师的教学有何意见或建议

____

❖ **提示：**

在录入文本的过程中，注意特殊符号的录入，选择“插入”选项卡“符号”组的下三角按钮，在下拉列表中选择“几何图形符”，然后在弹出的对话框中选择圆圈，单击“插入”按钮，如图 3－32 所示，最后单击“关闭”按钮关闭对话框。

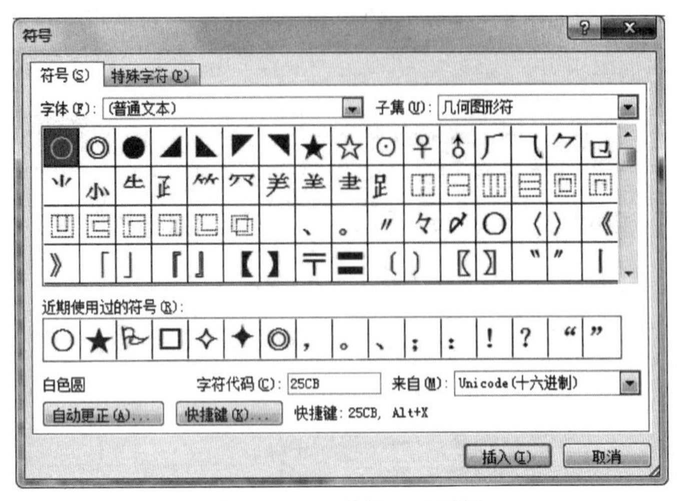

图 3-32 “符号”对话框

2. 编排文档

(1) 设置第1行文本的字体为黑体，字号为小一号，居中对齐，段前、段后间距为1行，设置“问卷描述”和“问卷题目区”文本的字体为仿宋，字号为三号，段前和段后间距为0.5行。

(2) 选中除第1行、“问卷描述”和“问卷题目区”文本外的所有文本段落，设置段落首行缩进2个字符。

(3) 设置每道题目的段前间距为0.5行，然后利用“格式刷”工具进行复制操作，操作完毕后，再次单击“格式刷”按钮，设置好的文档效果如图3-33所示。

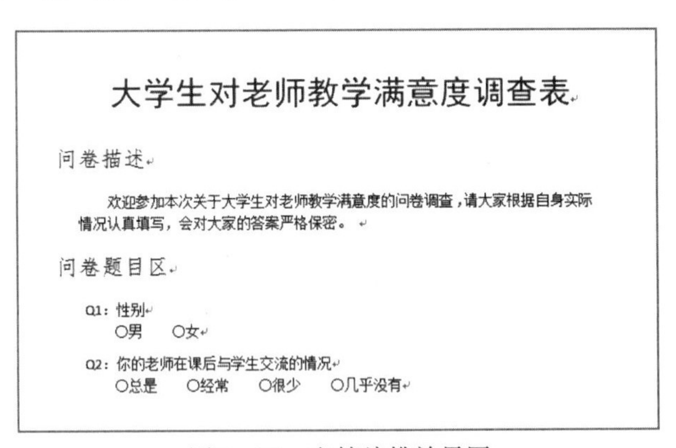

大学生对老师教学满意度调查表

问卷描述

欢迎参加本次关于大学生对老师教学满意度的问卷调查，请大家根据自身实际情况认真填写，会对大家的答案严格保密。

问卷题目区

Q1：性别

○男 ○女

Q2：你的老师在课后与学生交流的情况

○总是 ○经常 ○很少 ○几乎没有

图 3-33 文档编排效果图

❖ **提示：**

格式刷的使用：先用光标选中文档中某个带格式的词或者段落，然后单击选择“格式刷”，接着单击想要替换格式的词或段落，此时，它们的格式就会与开始选择的格式相同。

3. 设置边框和底纹

(1) 为第一行标题添加边框为1.5磅值的双实线，底纹为浅灰色。

选中第1行文本，选择“开始”选项卡“段落”组，单击下框线，在弹出的下拉菜单中选择“边框和底纹”，出现如图 3－34 所示的“边框和底纹”对话框，选择“边框”选项卡，设置边框，并且把边框应用于“段落”。切换至“底纹”选项卡，对底纹颜色进行设置。

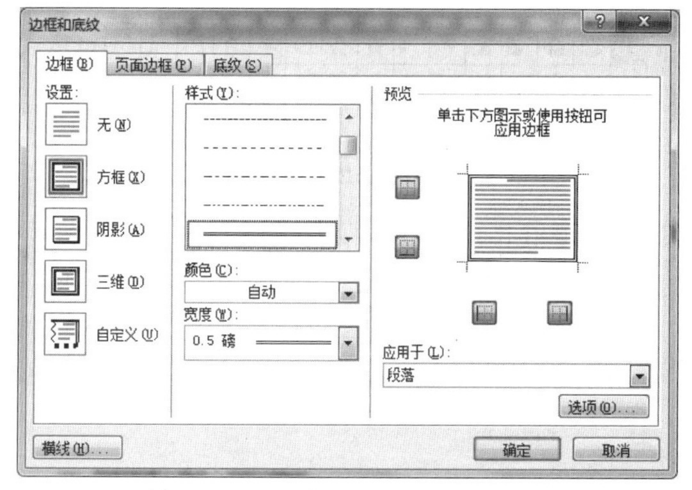

图 3－34 “边框和底纹”对话框（1）

（2）为“问卷描述”和“问卷题目区”所在的文段设置边框为 0.5 磅值的深灰色双实线，浅灰色底纹。

选中“问卷描述”和“问卷题目区”文本，选择“开始”选项卡“段落”组，单击下框线，在弹出的下拉菜单中选择“边框和底纹”，出现如图 3－34 所示的“边框和底纹”对话框，选择“边框”选项卡，设置边框，并且把边框应用于“文字”，如图 3－35 所示。切换至“底纹”选项卡，对底纹颜色进行设置。

图 3－35 “边框和底纹”对话框（2）

4. 设置文档页面

为整个页面添加艺术型的边框：选择“页面布局”选项卡“页面背景”组，单击页面边框，出现如图 3－36 所示的“边框和底纹”对话框，选择边框，在艺术型下面找到相

应的艺术图形，并且把边框应用于“整篇文档”。

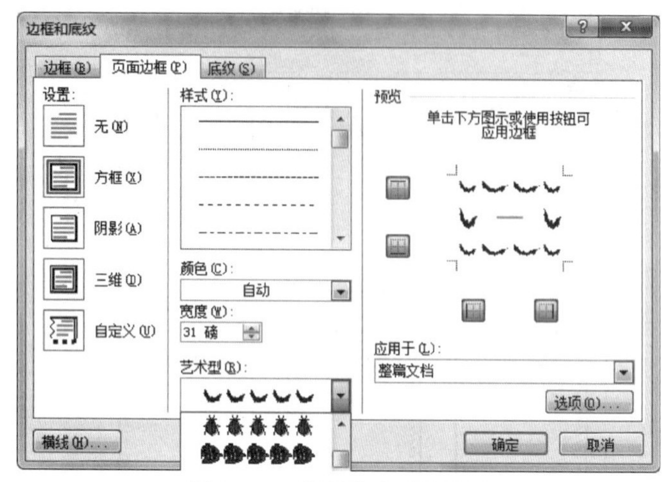

图 3-36　设置艺术型的边框

5. 自定义项目符号

为“问卷描述”和“问卷题目区”所在的文段设置笑脸项目符号。

选中“问卷描述”和“问卷题目区”，选择“开始”选项卡“段落”组中的“项目符号”下拉菜单，在展开的下拉列表中选择“自定义新项目符号”，在打开的“自定义新项目符号”对话框中单击“符号”，打开“符号”对话框，选择笑脸，单击“确定”按钮，返回“自定义新项目符号”对话框，再单击“确定”按钮，自定义新项目符号就设置好了，如图 3-37 所示。

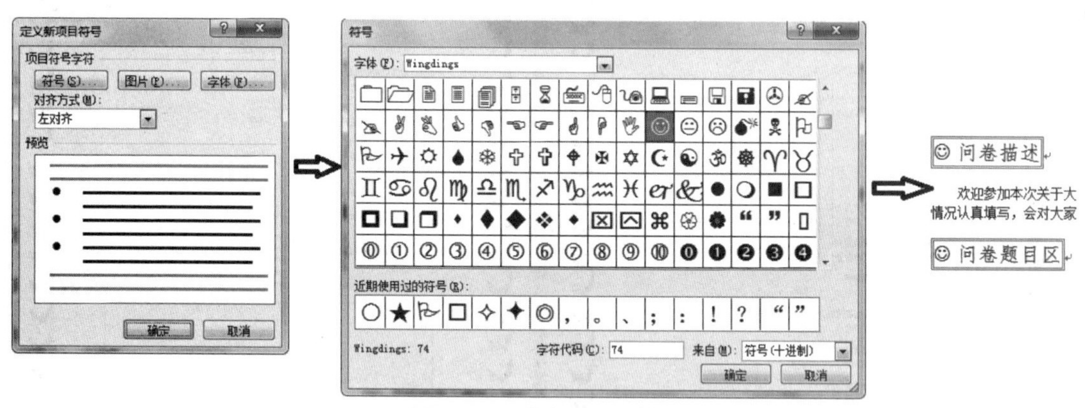

图 3-37　自定义项目符号

6. 插入文本框

在正文最后一段后插入一个文本框：将光标置于要插入文本框的位置，选择“插入”→“文本框”，在弹出的下拉菜单中选择“绘制文本框”，如图 3-38 所示。

此时，鼠标呈十字状，单击并拖动鼠标在幻灯片中绘制文本框。绘制完成后释放鼠标。可以在文本框中直接输入文本内容，也可以对文本框格式进行简单的设置。整个问卷调查已经完成，如图 3-39 所示。

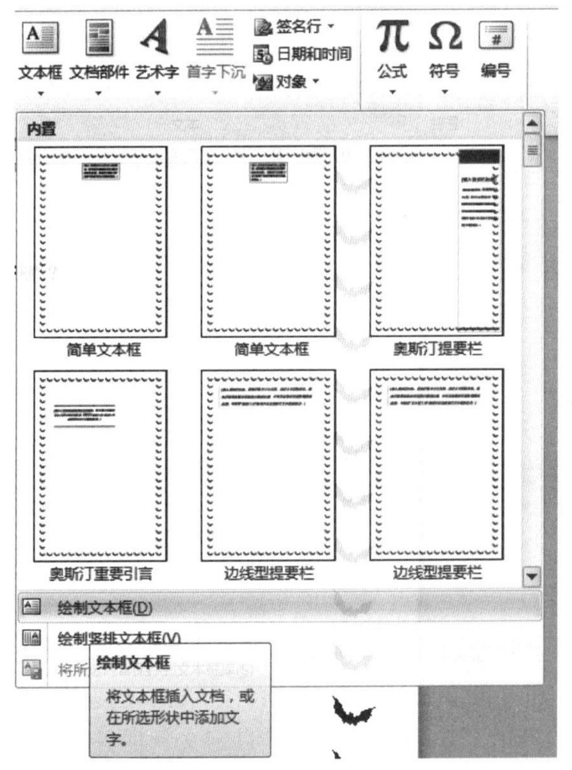

图 3－38　绘制文本框

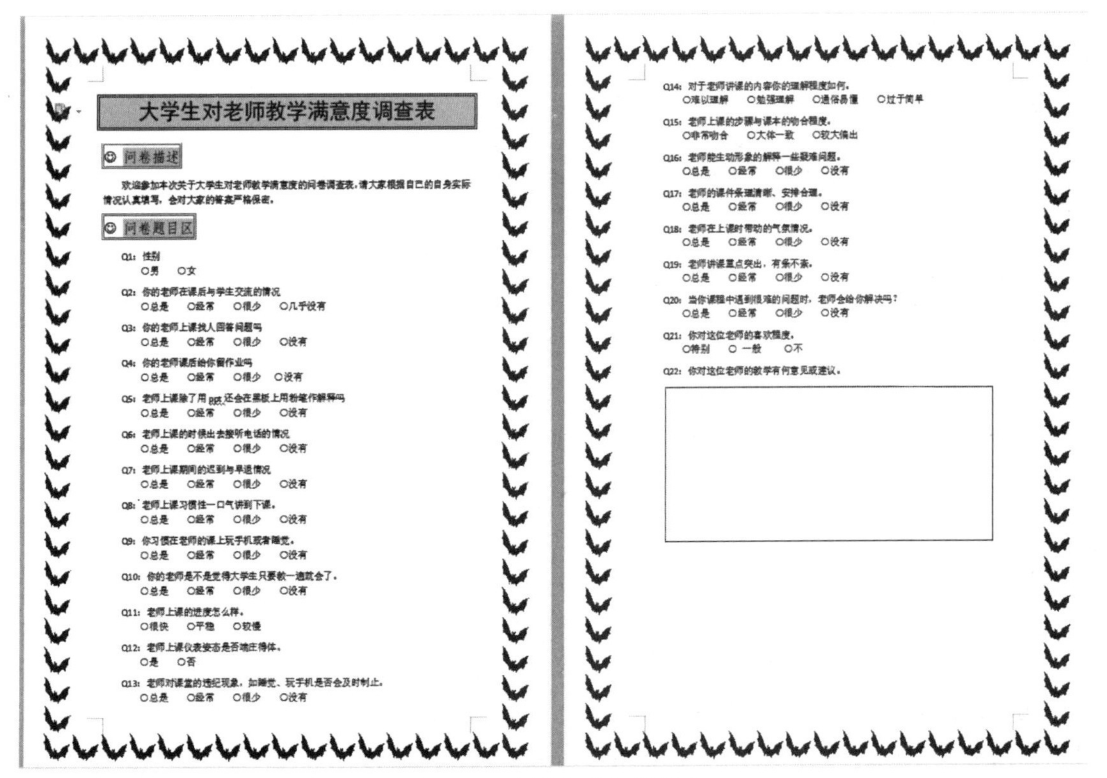

大学生对老师教学满意度调查表

问卷描述

欢迎参加本次关于大学生对老师教学满意度的问卷调查表，请大家根据自己的自身实际情况认真填写，会对大家的答案严格保密。

问卷题目区

Q1：性别
○男　○女

Q2：你的老师在课后与学生交流的情况
○总是　○经常　○很少　○几乎没有

Q3：你的老师上课找人回答问题吗
○总是　○经常　○很少　○没有

Q4：你的老师课后给你留作业吗
○总是　○经常　○很少　○没有

Q5：老师上课除了用ppt还会在黑板上用粉笔作解释吗
○总是　○经常　○很少　○没有

Q6：老师上课的时候出去接听电话的情况
○总是　○经常　○很少　○没有

Q7：老师上课期间的迟到与早退情况
○总是　○经常　○很少　○没有

Q8：老师上课习惯性一口气讲到下课。
○总是　○经常　○很少　○没有

Q9：你习惯在老师的课上玩手机或者睡觉。
○总是　○经常　○很少　○没有

Q10：你的老师是不是觉得大学生只要教一遍就会了。
○总是　○经常　○很少　○没有

Q11：老师上课的进度怎么样。
○很快　○平稳　○较慢

Q12：老师上课仪表姿态是否端庄得体。
○是　○否

Q13：老师对课堂的违纪现象，如睡觉、玩手机是否会及时制止。
○总是　○经常　○很少　○没有

Q14：对于老师讲课的内容你的理解程度如何。
○难以理解　○勉强理解　○通俗易懂　○过于简单

Q15：老师上课的步骤与课本的吻合程度。
○非常吻合　○大体一致　○较大偏出

Q16：老师能生动形象的解释一些疑难问题。
○总是　○经常　○很少　○没有

Q17：老师的课件条理清晰、安排合理。
○总是　○经常　○很少　○没有

Q18：老师在上课时带动的气氛情况。
○总是　○经常　○很少　○没有

Q19：老师讲课重点突出，有条不紊。
○总是　○经常　○很少　○没有

Q20：当你课程中遇到很难的问题时，老师会给你解决吗？
○总是　○经常　○很少　○没有

Q21：你对这位老师的喜欢程度。
○特别　○一般　○不

Q22：你对这位老师的教学有何意见或建议。

图 3－39　制作好的问卷调查

实训七　制作录取通知书

一、实训目的和要求

（1）掌握创建邮件合并所需的主文档和数据源的方法。

（2）熟练将合并域中的各个选项插入主文档并生成新文档的方法。

（3）掌握对文档添加、删除批注的方法。

（4）掌握对文档进行修改及接受修订的方法。

二、实训内容和步骤

1. 创建主文档

新建一个 Word 文档，其页面设置参数如图 3－40 所示。

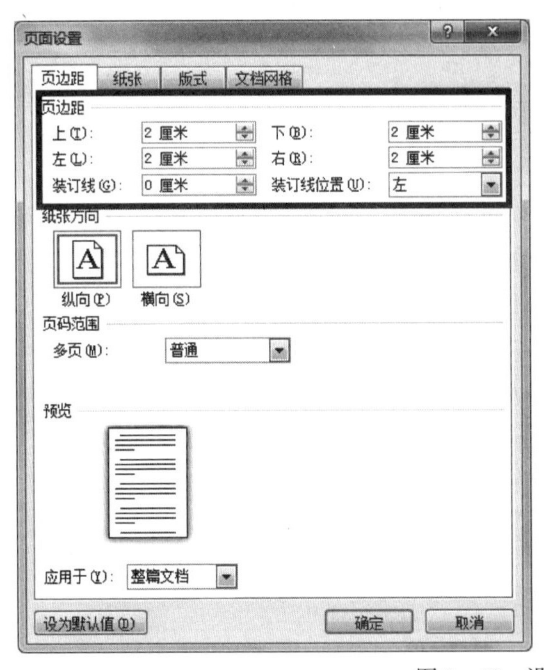

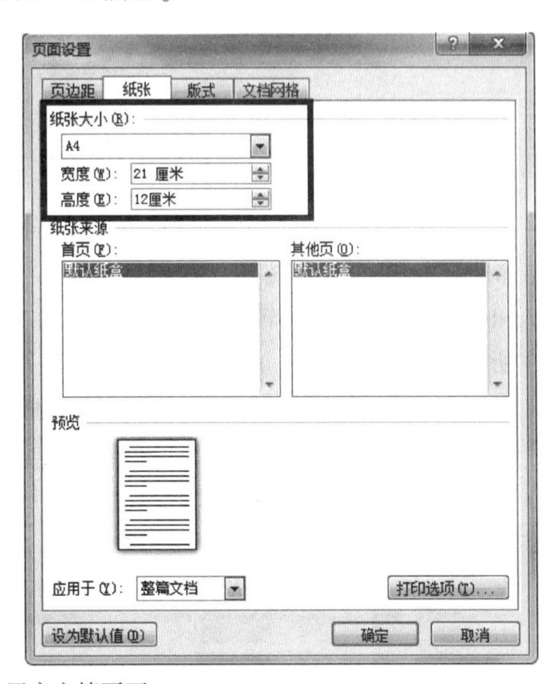

图 3－40　设置主文档页面

2. 录入文档

输入录取通知书的正文部分（姓名、院系、专业、报到时间这一行暂时空着），并设置其格式，如图 3－41 所示，将文档保存为“录取通知书（主文档）”。

3. 创建数据源

要批量制作录取通知书，除了要有主文档外，还需要有录取学生的姓名、院系、专业、报到时间等数据表。用户可以在邮件合并中使用多种格式的数据源，下面以一个现成的Excel数据源为例创建数据源，如图 3－42 所示。

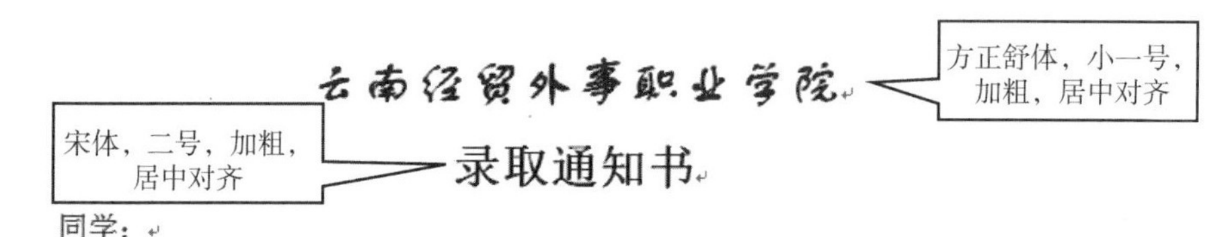

同学：

我校决定录取你入我校 院（系）专业学习，请于 2019 年 月 日凭本通知来校报到。

云南经贸外事职业学院

2019 年 月 日

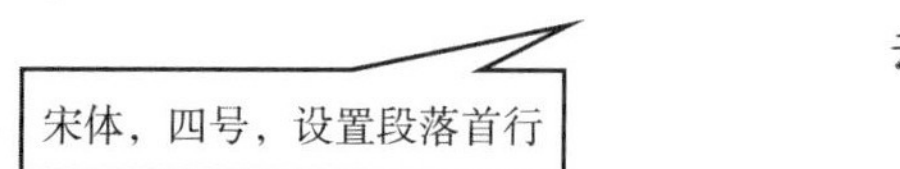

图 3－41　输入文档内容并设置其格式

	A	B	C	D	E	F	G
1	姓名	院系	专业	报到月	报到日	录取月	录取日
2	蔡青青	人文系	学前教育	8	15	8	1
3	曹静	人文系	学前教育	8	15	8	1
4	常怡	人文系	学前教育	8	15	8	1
5	陈杰	人文系	学前教育	8	15	8	1
6	陈梅	护理学院	护理	8	15	8	1
7	陈然	护理学院	助产	8	15	8	1
8	陈艳华	经管系	会计	8	15	8	1
9	程容	经管系	会计	8	15	8	1
10	崔扬威	工程系	工程造价	8	15	8	1
11	邓富豪	工程系	工程造价	8	15	8	1

图 3－42　数据源

4. 邮件合并

（1）打开已经创建好的文档，在“邮件”功能区单击“开始邮件合并”的下拉按钮，在展开的下拉菜单中单击“普通 Word 文档”，则当前编辑的文档类型为普通 Word 文档，如图3－43 所示。

图 3－43　选择文档类型

（2）单击“邮件”功能区中的“选择收件人”按钮，在展开的列表中选择“使用现有列表”，打开“选择表格”对话框，选中创建好的数据文件“录取学生名单”，然后单击“确定”按钮，如图 3－44 所示。

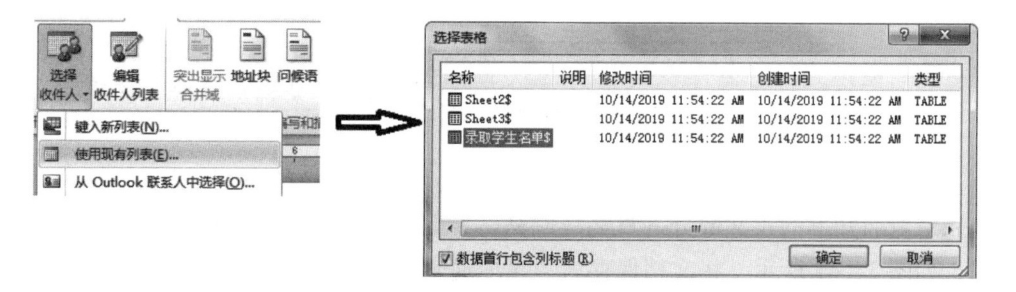

图 3－44　选择数据源文件

（3）将光标置于文档中第一处要插入合并域的位置，即“姓名”的左侧，然后单击“插入合并域”按钮，在展开的列表中选择要插入的域“姓名”，如图 3－45 所示。

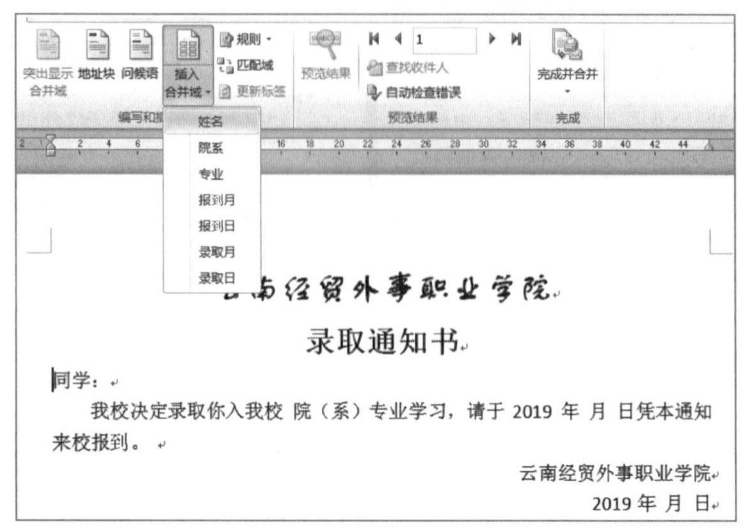

图 3-45　选择并插入域

（4）使用同样的方法插入“院系”“专业”“报到月”“报到日”“录取月”“录取日”域，效果如图 3-46 所示。

图 3-46　插入域

（5）单击“完成并合并”按钮，在展开的列表中选择“编辑单个文档”，在打开的“合并到新文档”对话框中选择“全部”单选按钮，如图 3-47 所示，然后单击“确定”按钮。

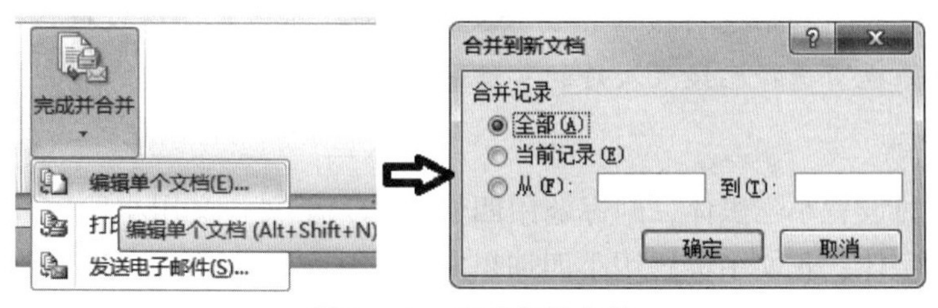

图 3-47　完成邮件合并

（6）Word 将根据设置的自动合并文档并将全部记录存放到一个新文档中，合并完成的文档份数取决于数据表中记录的条数，最终效果如图 3-48 所示。最后将文档保存为“录取通知书（邮件合并）”。

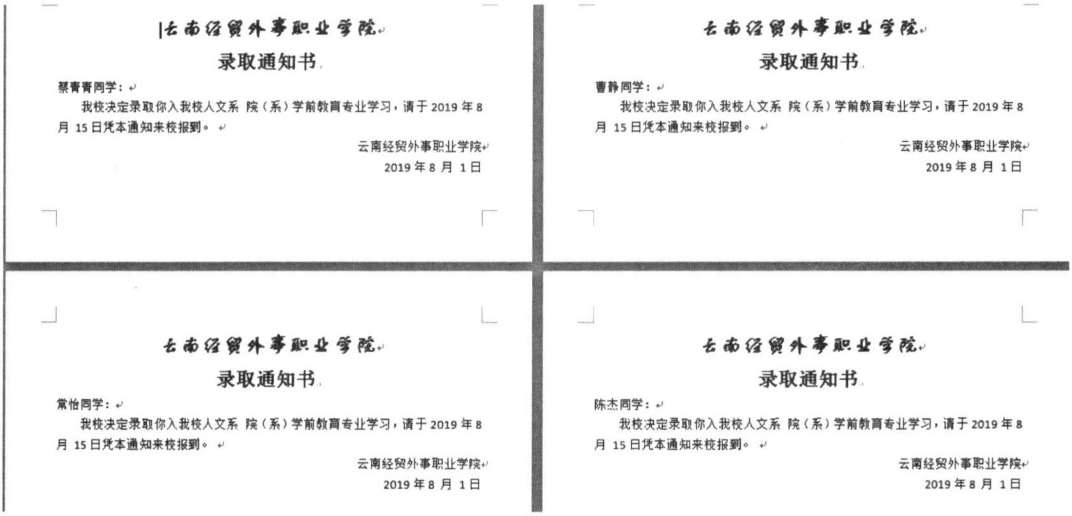

云南经贸外事职业学院
录取通知书
蔡青青同学：
我校决定录取你入我校人文系 院（系）学前教育专业学习，请于2019年8月15日凭本通知来校报到。
云南经贸外事职业学院
2019年8月1日

云南经贸外事职业学院
录取通知书
曹静同学：
我校决定录取你入我校人文系 院（系）学前教育专业学习，请于2019年8月15日凭本通知来校报到。
云南经贸外事职业学院
2019年8月1日

云南经贸外事职业学院
录取通知书
常怡同学：
我校决定录取你入我校人文系 院（系）学前教育专业学习，请于2019年8月15日凭本通知来校报到。
云南经贸外事职业学院
2019年8月1日

云南经贸外事职业学院
录取通知书
陈杰同学：
我校决定录取你入我校人文系 院（系）学前教育专业学习，请于2019年8月15日凭本通知来校报到。
云南经贸外事职业学院
2019年8月1日

图3－48　制作完成的录取通知书

实训八　制作报告书

一、实训目的和要求

（1）根据所学知识完成报告书的字体段落格式设置。

（2）掌握为报告书创建目录的方法。

（3）根据内容为报告书插入图片。

（4）插入页眉、页脚及页码。

（5）对报告书的页面进行设置。

二、实训内容和步骤

1. 打开素材“勘察报告.docx”

❖ 提示：

本实训主要是对报告书进行编辑。由于文章字数较多，实训中仅选取部分内容进行编辑，在实训过程中也可选择已经录入好的文档进行编辑。

2. 设置字体

将报告书题目设置小三黑体，副标题用四号黑体；正文中文用小四宋体，英文用Times New Roman小四字体；正文中标题用小四加粗宋体。

选中相应的目标文本，单击“开始”选项卡“字体”功能组右下方的“对话框启动器”按钮，打开“字体”对话框，在“中文字体”与“西文字体”中设置相应的字体。

3. 设置段落

将报告书除标题外的段落设置首行缩进2个字符，报告书标题的对齐方式设置为居中对齐。

选中目标文本，单击“开始”选项卡“段落”功能组右下方的“对话框启动器”按钮，打开“段落”对话框，在“对齐方式”“特殊格式”中对文本的对齐方式和段落的格式进行设置。

4. 页面设置

将页面纸张设置为A4，格式以Word默认的页面设置（即上下边距分别为2.54 cm，左右两侧边距分别为3.17 cm，页眉1.5厘米，页脚1.75厘米）为准。

选择“页面布局”选项卡“页面设置”组，单击“页边距”，在下拉菜单中选择“自定义大小”，出现“页面设置”对话框，在“页边距”选项卡中对页面的上下左右边距进行设置。设置好页边距后，切换至“纸张”选项卡，对纸张的大小进行设置。

5. 插入图片

（1）插入图片。

在正文2.1标题下面的段落中插入本书配套素材“交通位置”图片，图片缩小为原图的85%，环绕方式为“嵌入型”，并在图片的下一行插入图号与图名“图1　拟建项目交通位置图”。

（2）编辑图片。

选择图片，在“图片工具”的“格式”选项卡下，单击“大小”组右下方的“对话框启动器”按钮，弹出“布局”对话框，对图片的大小进行设置。

（3）设置图片环绕方式。

选择图片，在“图片工具”的“格式”选项卡下，单击“排列”组中的“自动换行”按钮，在弹出的下拉菜单中选择环绕方式即可。

6. 添加目录

为论文添加目录，标题“目录”二字应居中，用三号加粗宋体，“目录”二字之间空一全角空格，然后隔行生成目录内容。目录中的一级题序及标题用小四号黑体，其余用小四号宋体。

（1）设置目录内容。

将报告书中的一级标题、二级标题、三级标题样式设置为标题一、标题二、标题三。

分别选中标题，选择“开始”选项卡“样式”组，将一级标题设置为标题一，二级标题设置为标题二，三级标题设置为标题三，如图3－49所示。

图3－49　设置标题样式

（2）自动生成目录样式。

当标题设置完成之后，将光标位于报告书的第一页第一个字前，选择“引用”选项卡“目录”组，选择“目录”下拉菜单中的“自动目录”，如图3－50所示，即可自动生成目录。生成的目录如图3－51所示。根据要求对目录的字体进行设置。

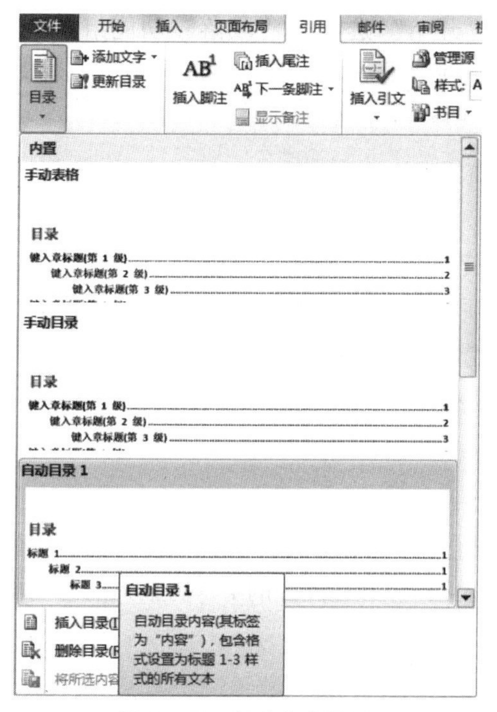

图 3－50　自动生成目录

❖ 提示：

在日常的论文书写中，无论内容怎么变，都不用重新编辑目录，单击“引用”→“更新目录”→“只更新页码”，自动更新页码，如图 3－52 所示。

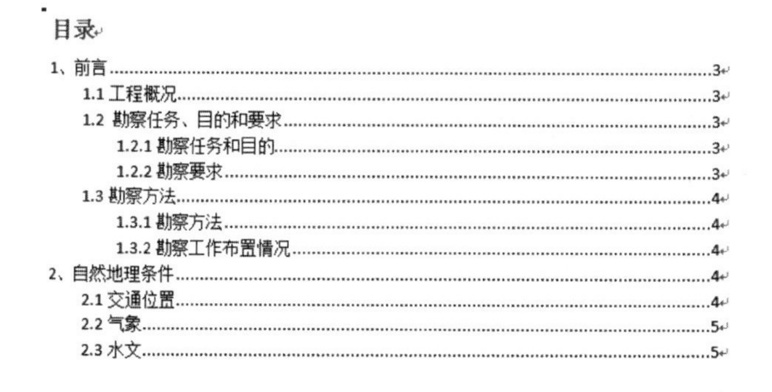

图 3－51　生成的目录

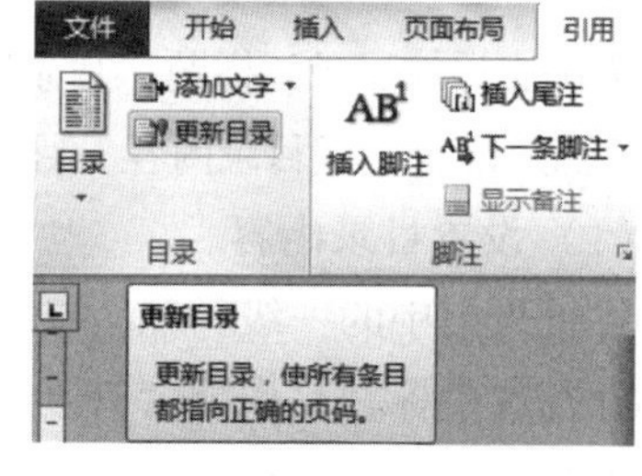

图 3－52　更新目录

7. 添加封面

报告书的封面因报告书内容的不同而不同，本报告书的封面如图 3－53 所示。

8. 设置页眉及页码

为各页添加页眉“昆明配送中心工程岩土工程详细勘察报告 ”，页眉文字居中对齐，文本设置为 5 号宋体字；页码设置为“—x—”。

(1) 插入分页符。

在设置页眉和页码过程中，封面页和目录页不设置页眉及页码，因此需插入分页符。

插入分页符的方法是在“页面布局”选项卡中单击“分隔符”中的“下一页”，如图5－54所示。

（2）设置页眉。

选择“插入”选项卡“页眉和页脚”组，单击“页眉”，输入页眉即可，并对页眉文字及对齐方式进行设置，如图3－55所示。

❖ **提示：**

当在页眉或页脚中看到“页眉和页脚工具”中的“链接到前一条页眉”时，单击“取消”按钮，否则上一节也会出现页眉或者页脚，如图3－56所示。

（3）设置页码。

在“插入”选项卡“页眉和页脚”组中，单击“页码”→“页面顶端”→“普通数字3”，输入页码即可。

设置好的报告书如图3－57所示。

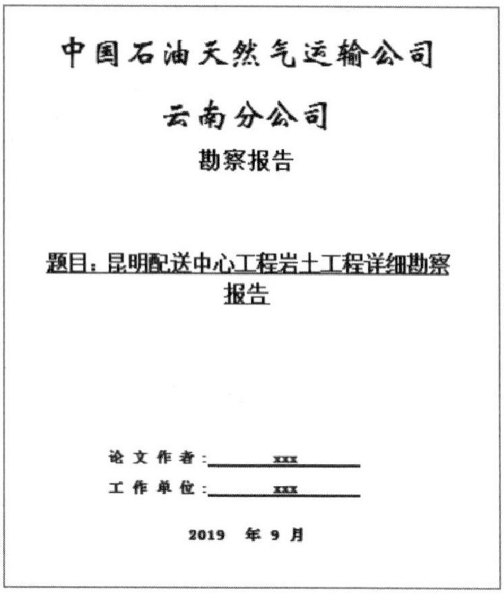

中国石油天然气运输公司

云南分公司

勘察报告

题目：昆明配送中心工程岩土工程详细勘察报告

论文作者：　　xxx

工作单位：　　xxx

2019　年 9 月

图3－53　报告书封面

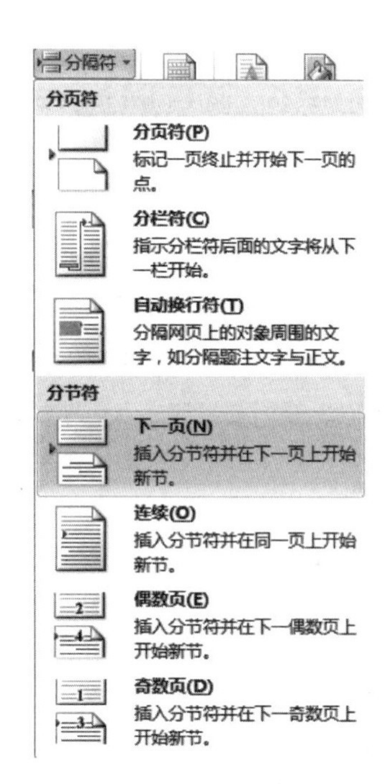

图3－54　插入分页符

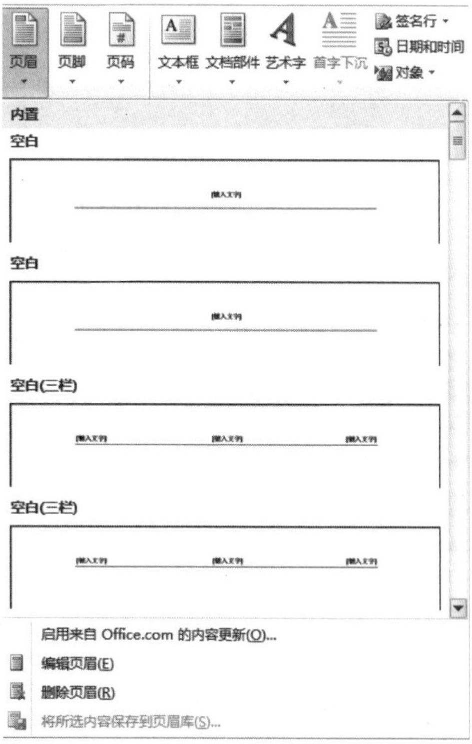

图3－55　插入页眉

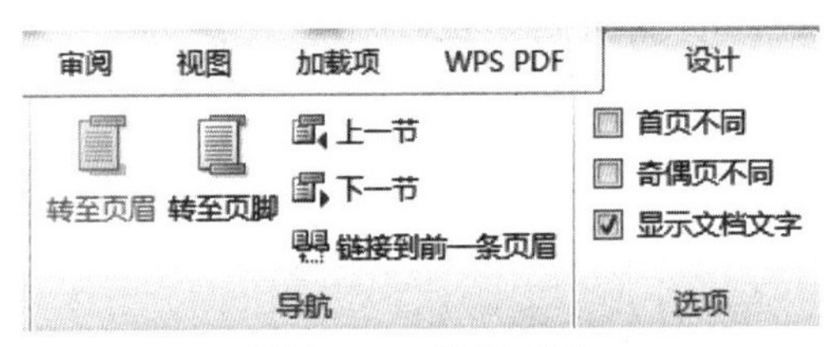

图 3－56　设置页眉

中国石油天然气运输公司
云南分公司
勘察报告

题目：昆明配送中心工程岩土工程详细勘察报告

论 文 作 者 ：　xxx

工 作 单 位 ：　xxx

2019　年 9 月

目 录

昆明配送中心工程岩土工程详细勘察报告

中国石油天然气运输公司云南分公司

昆明配送中心工程岩土工程详细勘察报告

1、前言

1.1 工程概况

拟建的中国石油天然气运输公司云南分公司昆明配送中心工程位于昆明市官渡区大板桥镇黑波村北侧，距离昆明新机场约 5Km。拟建场地东侧为缓坡荒地，西侧为秧田冲村，南侧为黑波村，北侧为秧田冲铁路专线。在拟建场地内，新建 1 幢办公楼及 1 幢汽车修理厂以及门卫室等配套设施。该项目总用地面积 29845m2，总建筑面积 2232m2。其中：办公楼地上 3 层，其他建筑物均为地上 1 层，均不设地下室。

1.2 勘察任务、目的和要求

根据拟建工程特征，按《岩土工程勘察规范》(GB50021－2001，2009 年版)，确定本次勘察的主要任务、目的和要求。

1.2.1 勘察任务和目的

1）勘察任务：查明拟建建筑场地的工程地质及水文地质条件；

2）勘察目的：根据拟建物特征和场地实际情况，本次勘察的目的是对拟建场地地基的岩土工程条件做出评价，为地基基础选型、设计，基础施工、地基处理和不良地质作用的防治提供工程地质依据，并提交满足工程施工图设计、基础施工要求的技术成果。

1.2.2 勘察要求

1）搜集附有坐标和地形的建筑总平面图，场区的地面整平标高，建筑物的性质、规模等资料；

2）查明不良地质作用的类型、成因、分布范围、发展趋势和危害程度，提出对建筑物有影响的不良地质作用的整治方案建议；

3) 查明建筑场地内的岩土层类型、厚度、分布范围、工程特性和变化规律等，提供满足设计、施工所需的岩土参数（包括地基变形计算参数），预测地基变形性状；

昆明配送中心工程岩土工程详细勘察报告

4) 查明地下水类型、埋藏条件、补给、径流、排泄条件及地下水位，提供基坑开挖工程应采取的地下水控制措施，评价地下水和土的腐蚀性；

1.3 勘察方法

1.3.1 勘察方法

本次勘察的勘察方法以钻探为主，结合现场原位测试（标准贯入试验、圆锥动力触探试验）、室内土工试验、水和土分析试验等勘察手段，具体如下：

1）钻探

选用机动灵活、场地适应性强的 XY~150 型钻机。回转钻进，全断面取芯。采用钢管跟管护壁，确保钻探、取样、原位测试工作的质量。

2）取样

分原状土样（Ⅰ、Ⅱ级）、扰动土样（Ⅲ、Ⅳ级）、水样。Ⅰ、Ⅱ级土试样采用薄壁取土器、以静压或锤击连续贯入法采取；Ⅲ、Ⅳ级土试样采用标贯器采取；水试样于钻孔中采取，确保试样质量。

3）原位测试

a、标准贯入试验：适用于碎石土以外的各类土层。利用所获取指标评价地基土力学性能及砂类土的密实度,判定饱和粉土、砂土的地震液化性能。

b、圆锥动力触探试验：主要用于填土、碎石类土、混合土及风化岩等岩土层。利用试验数据可对比分析地基土的均匀性及物理力学性能、估算地基土承载力特征值等。

4）室内试验

获取地基土（岩）物理力学指标及地下水场地土的腐蚀性分析成果，为场区地基土、水的岩土工程评价提供重要依据。

1.3.2 勘察工作布置情况

根据拟建建筑物特点，结合场地地质条件，勘探点平面上沿拟建建筑物周边、角点及荷载集中部位布置，共布置勘探孔 14 个。孔深按如下原则布置：一般性孔孔深 10~15m，控制性钻孔孔深 18m，在施工过程中根据实际工程地质情况进行了适当的调整。详见附图 No:1（勘探点平面布置图）。

2、自然地理条件

2.1 交通位置

拟建项目处于昆明市官渡区大板桥镇黑波村北侧，区内现有秧田冲铁路专线及一条乡村公路通过，现状交通状况不良。（见图 1：拟建项目交通位置图）

图 3－57　报告书最终效果

第 4 章

Excel 2010 电子表格软件

实训一　工作表的基本操作

一、实训目的和要求

（1）熟练掌握在工作表中输入与编辑数据的方法。

（2）掌握编辑 Excel 工作表与单元格的技巧。

（3）能够美化工作表。

二、实训内容和步骤

1. 根据样文录入数据

①单击“开始”按钮，选择“所有程序”→“Microsoft Office”→“Microsoft Excel 2010”菜单，启动 Excel 2010。

②输入数据，如图 4－1 所示。

某二级公路桥梁工程施工计划表

施工项目部（盖章）：某二级公路第五合同段　　　　第 1 页　共 1 页

序号	中心桩	桥形	桥长	桥梁分类			投标价	材料用量								备注
				大桥	中桥	小桥		钢绞线		钢筋		水泥		中粗砂	碎石	
								数量	价款	数量	价款	数量	价款			
			米	米	米	米	万元	吨	万元	吨	万元	吨	万元	米³	米³	
1	K65+673	1—16米空心板桥	29			29	¥52.9	1.77	¥2.5	28.082	¥19.0	228.2	¥10.1	194	395	
2	K67+620	1—16米空心板桥	21.58			21.6	¥76.8	1.77	¥2.5	42.319	¥28.6	219.2	¥12.7	194	292	
3	K68+083	6×20米T形梁桥	130	130			¥568.0	13.22	¥18.8	212.16	¥143.4	1797	¥88.7	1342	2724	
4	K68+297.5	5×20米T形梁桥	106.1	106.1			¥406.7	11.02	¥15.7	262.99	¥177.8	719.2	¥36.0	527	1071	
5	K74+300	1—16米空心板桥	21.58			21.6	¥94.0	1.77	¥2.5	42.319	¥28.6	403.7	¥20.2	296	601	
6	K76+265	6×20米T形梁桥	130.1	130.1			¥591.0	13.22	¥18.8	262.99	¥177.8	1799	¥88.8	1342	2724	
7	K80+590	5×20米T形梁桥	106.1	106.1			¥441.8	11.02	¥15.7	212.16	¥143.4	719.2	¥36.0	527	1071	
8	K80+874	1—16米空心板桥	21.58			21.6	¥95.0	1.77	¥2.5	42.319	¥28.6	106.1	¥5.3	77.8	158	
9	K85+585	1—16米空心板桥	21.58			21.6	¥98.6	1.77	¥2.5	49.319	¥33.3	403.7	¥20.2	296	601	
本页小计			587.6	472.3		115	¥2,424.8	57.33	¥81.4	1155	¥780.6	6394.8	¥318.0	4796	9637	
合计			587.6	472.3		115	¥2,424.8	57.332	¥81.4	1154.7	¥780.6	6395	¥318.0	4796	9637	

项目经理（签字）：

某公路桥梁计划表

图 4－1　输入数据

在A1单元格内输入“某二级公路桥梁工程施工计划表”，在A3单元格内输入“施工项目部（盖章）：某二级公路第五合同段”，在N3单元格内输入“第1页 共1页”，在A4单元格内输入“序号”，在A8单元格内输入“1”。鼠标指针移到A8单元格右下角的填充柄上，此时鼠标指针变为实心的十字形，按住鼠标左键拖动A8单元格右下角的填充柄到A16单元格，单击“自动填充选项”按钮，弹出如图4-2所示列表，单击“填充序列”。按样文录入其他数据。

2. 编辑Excel工作表与单元格

（1）重命名工作表。

右击工作表标签“Sheet1”，从弹出的工作表快捷菜单中选取“重命名”，如图4-3所示，之后输入工作表名称“某公路桥梁计划表”。

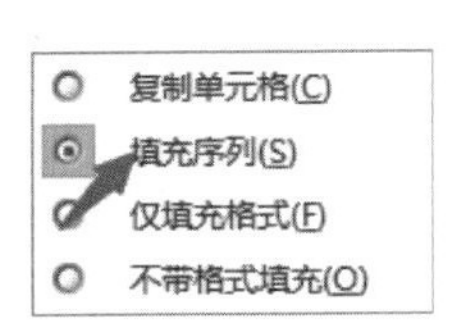

图4-2　填充序列

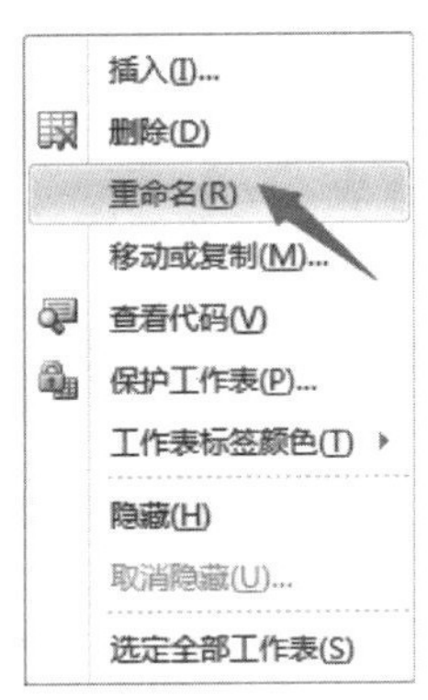

图4-3　重命名工作表

（2）编辑单元格。

选取以下区域的单元格，单击“开始”选项卡中的“合并后居中”按钮，分别进行合并后居中。

①A1:Q2
②A3:H3
③N3:Q3
④A4:A7
⑤B4:B7
⑥C4:C7
⑦D4:D6
⑧E4:G4
⑨E5:E6
⑩F5:F6
⑪G5:G6
⑫H4:H6
⑬I4:P4
⑭I5:J5
⑮K5:L5
⑯M5:N5
⑰O5:O6
⑱P5:P6
⑲Q4:Q7

（3）添加批注。

单击H13单元格，在“审阅”选项卡中单击“新建批注”按钮，在批注框中输入“标价最高”。

3. 美化工作表

(1) 设置单元格格式。

①设置单元格字符格式。

鼠标左键拖拽选取 A8:A16 单元格区域，单击“开始”→“单元格组”→“格式”→“设置单元格格式”如图 4－4 所示。

在弹出的对话框中单击“数字”选项卡中的“文本”，如图 4－5 所示。

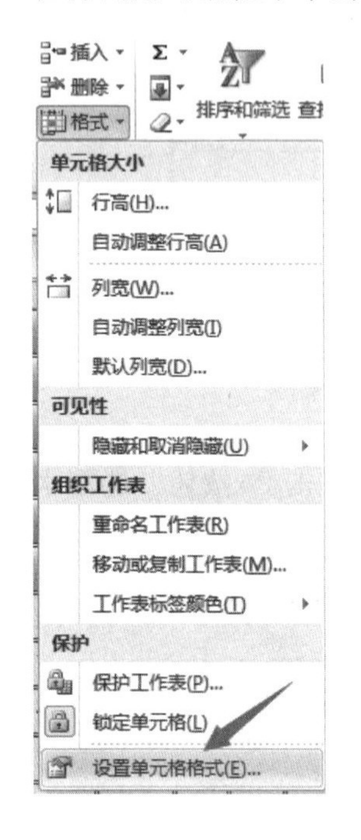

图 4－4　设置单元格格式

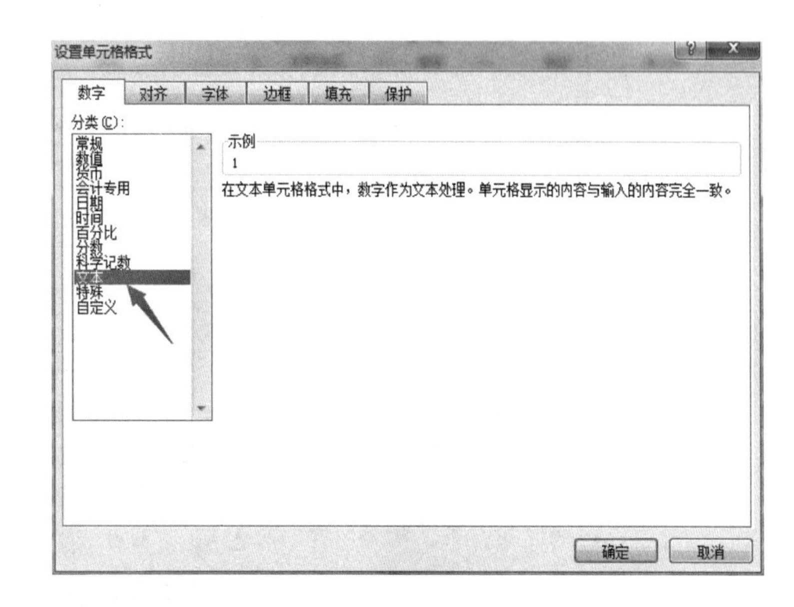

图 4－5　设置文本格式

单击 A1 单元格，在“开始”选项卡中，设置字体：策软雅黑，字形：加粗，字号：18。

单击 A3 单元格，在“开始”选项卡中，设置字体：楷体，字形：加粗，字号：12。

单击 N3 单元格，在“开始”选项卡中，设置字体：楷体，字形：加粗，字号：9。

鼠标左键拖拽选取 B4:Q4 单元格区域，在“开始”选项卡中，设置字体：微软雅黑，字形：加粗，字号：10。

鼠标左键拖拽选取 B4:Q4 单元格区域，在“开始”选项卡中，设置字体：微软雅黑，字号：10。

②设置单元格数字格式。

选取 H8:H18 单元格区域，按住 Ctrl 键，再选取 J8:J18、L8:L18、N8:N18 这几个区域的单元格，单击“开始”→“单元格组”→“格式”→“设置单元格格式”，如图 4－4 所示。

在弹出的对话框中单击“数字”选项卡中的“货币”，设置小数位数：1，货币符号为：¥，如图 4－6 所示。

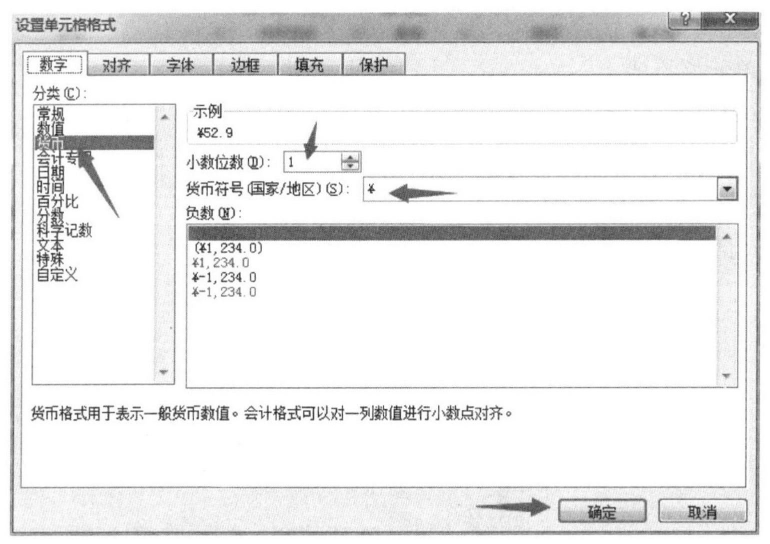

图4-6　设置货币格式

③设置单元格内容对齐方式。

单击A3单元格，在“开始”选项卡中的“对齐方式”组中单击按钮，选取水平对齐方式：靠左，垂直对齐方式：居中，如图4-7所示。

图4-7　设置对齐方式

鼠标左键拖拽选取A4:Q4单元格区域，在“开始”选项卡中的“对齐方式”组中单击按钮，选取水平对齐方式：居中，垂直对齐方式：居中，如图4-8所示。

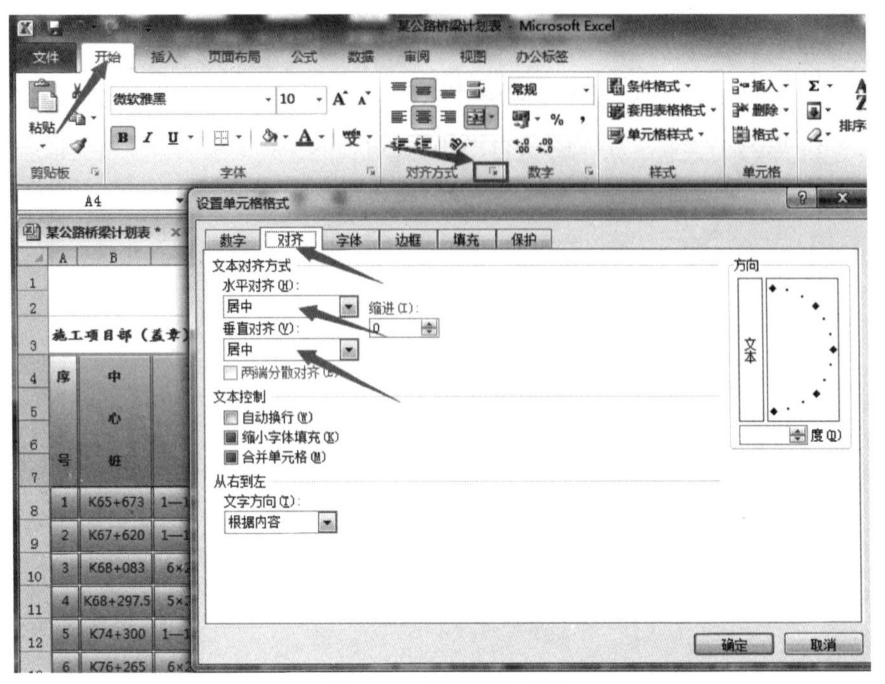

图4－8　设置居中对齐

（2）设置边框和底纹。

①设置边框。

选取A4:Q18单元格区域，在“开始”选项卡中的“单元格”组中单击“格式”按钮，单击“设置单元格格式”，打开“设置单元格格式”对话框，在“边框”选项卡中设置样式：粗线，颜色：红色，单击“外边框”，单击“确定”按钮，如图4－9所示。重复上述操作，在“边框”选项卡中设置样式：双细线，颜色：紫色，单击“内部”，如图4－10所示。

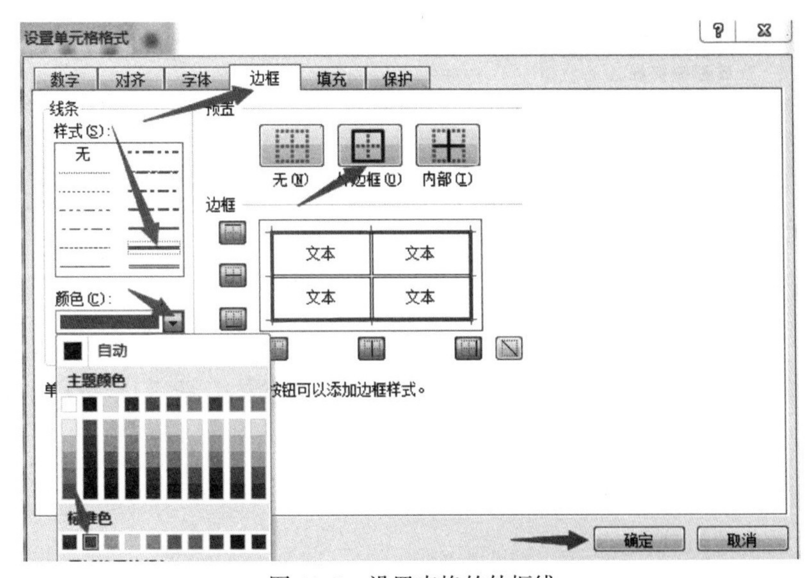

图4－9　设置表格的外框线

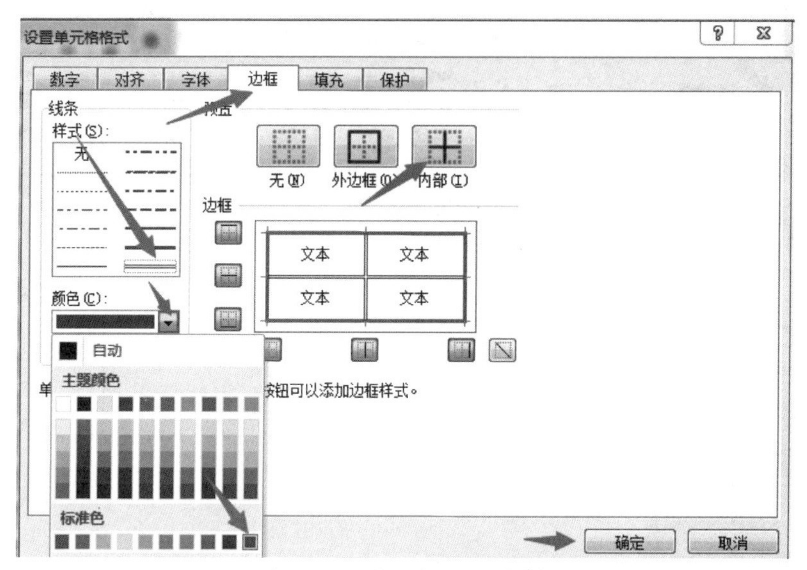

图 4－10　设置表格的内框线

②设置底纹。

鼠标左键拖拽选取 A4:Q18 单元格区域，在“开始”选项卡中的“单元格”组中单击“格式”按钮，单击“设置单元格格式”，打开“设置单元格格式”对话框，在“填充”选项卡中单击“填充效果”，如图 4－11 所示。在“填充效果”对话框中的“渐变”选项卡中，单击“双色”单选按钮，设置颜色 1：白色，颜色 2：绿色，底纹样式：水平。如图 4－12 所示。

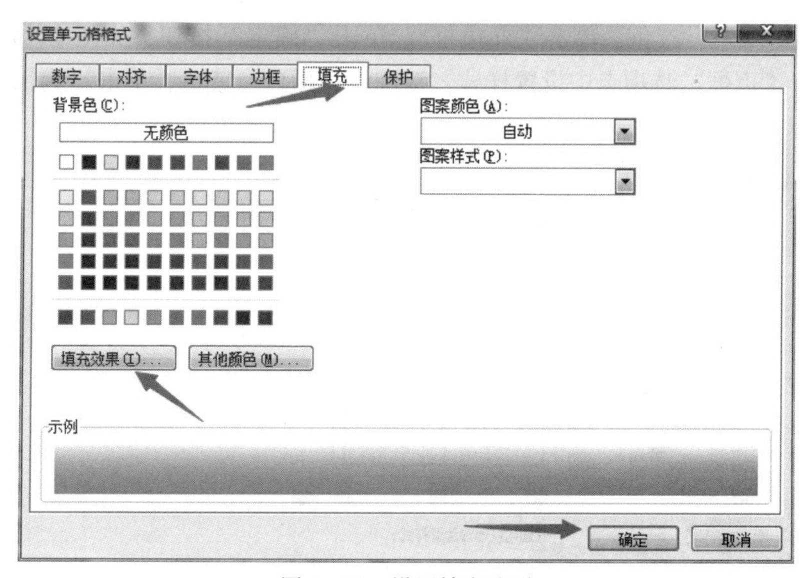

图 4－11　设置填充选项

（3）使用条件格式。

①突出显示单元格规则。

鼠标左键拖拽选取 K8:L18 单元格区域，在“开始”选项卡里的“样式”组里单击

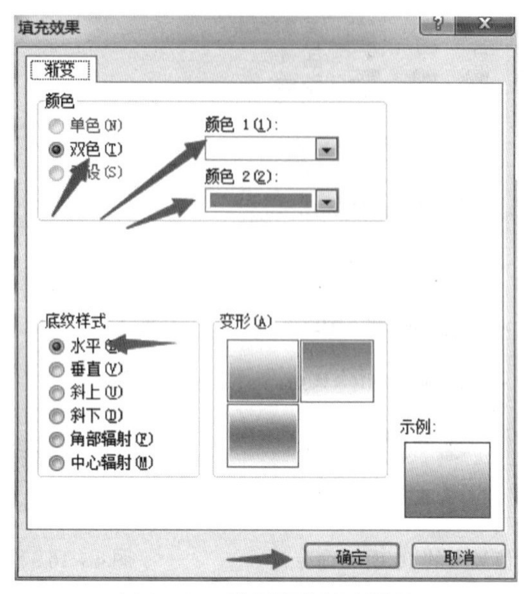

图 4-12 设置渐变填充效果

“条件格式”按钮，在展开的列表中选择“突出显示单元格规则”→“大于”，如图 4-13 所示。

打开“大于”对话框，在编辑框中输入“200”，然后在“设置为”下拉列表中选择“浅红填充色深红色文本”，如图 4-14 所示。

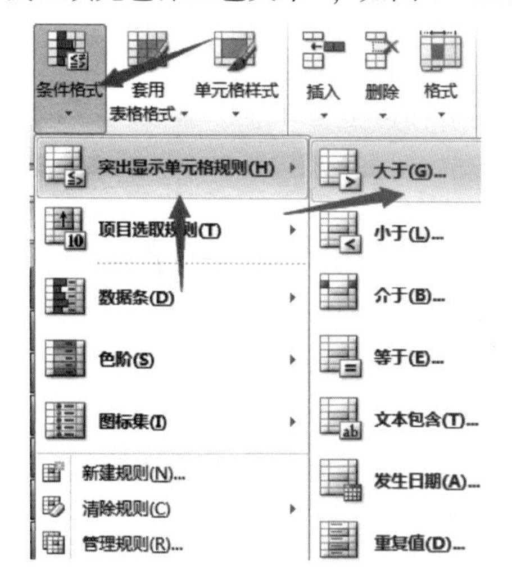

图 4-13 突出显示单元格规则

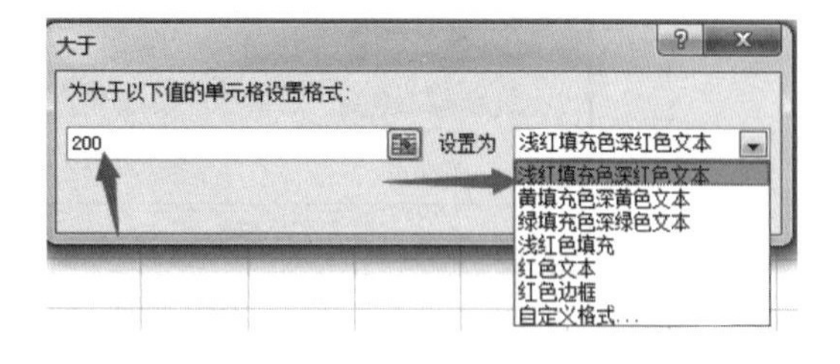

图 4-14 设置“大于”参数

②项目选项规则。

鼠标左键拖拽选取 M8:M18 单元格区域，在“开始”选项卡里的“样式”组里单击“条件格式”按钮，在展开的列表中选择“项目选取规则”→“值最大的 10 项”，如图 4-15 所示。

打开“10 个最大的项”对话框，调整左侧编辑框的数量为 5，然后在“设置为”下拉列表中选择“自定义格式”，如图 4-16 所示。

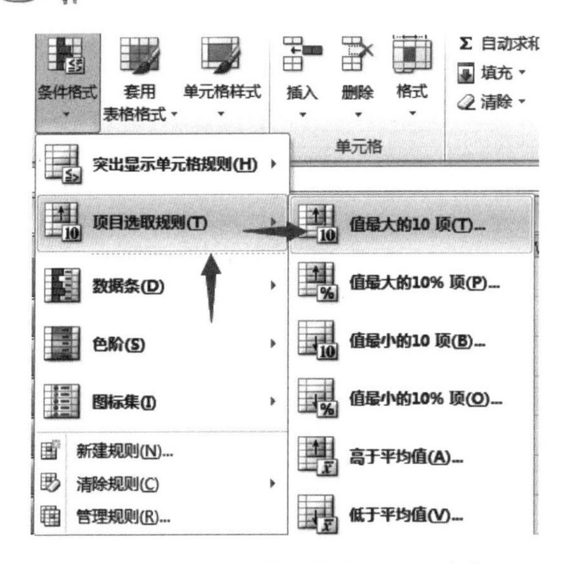

图4－15　选择“值最大的10项”命令

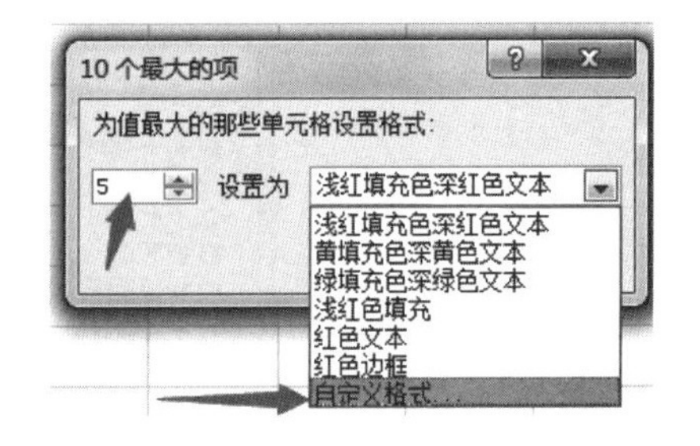

图4－16　设置10个最大项参数

在“设置单元格格式”中，设置“填充”选项卡的“背景色”为黄色，如图4－17所示。

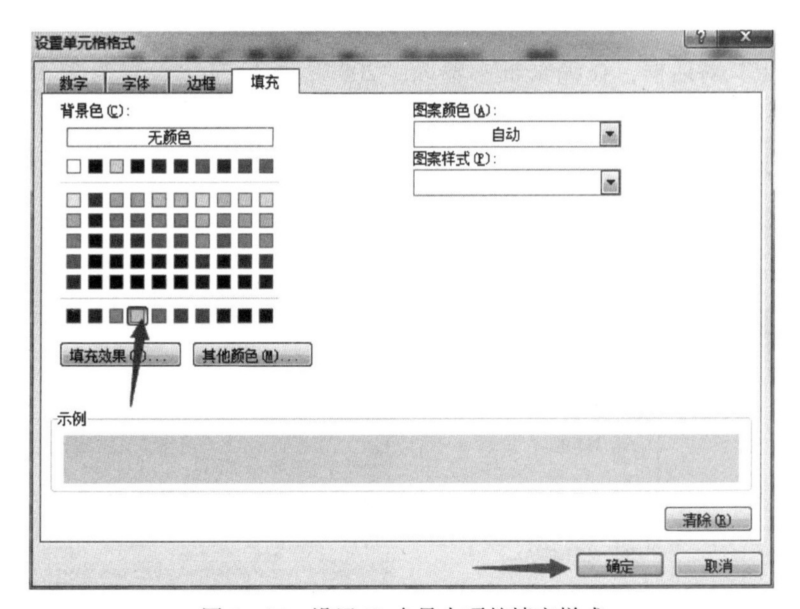

图4－17　设置10个最大项的填充样式

③数据条。

鼠标左键拖拽选取I8:I18单元格区域，在“开始”选项卡里的“样式”组里单击“条件格式”按钮，在展开的列表中选择“数据条”，单击“渐变填充”中的紫色数据条，如图4－18所示。

单击“文件”选项卡，在打开的界面中选择“另存为”，如图4－19所示，打开“另存为”对话框，在其中选择工作簿的保存位置，输入工作表名称“某公路桥梁计划表”，单击“保存”按钮，如图4－20所示。

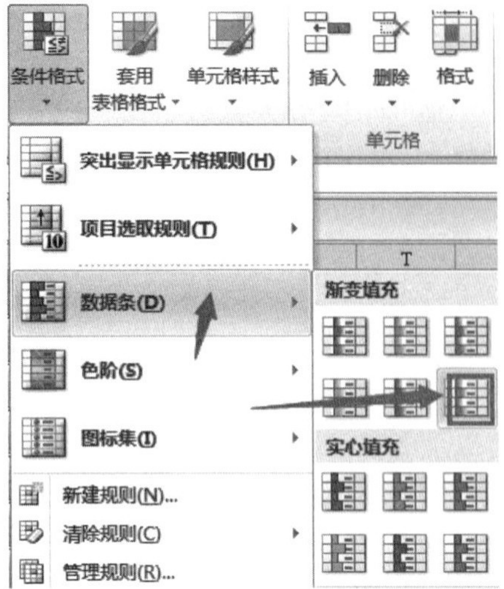

图4－18　设置数据条

图4－19　另存为下拉列表

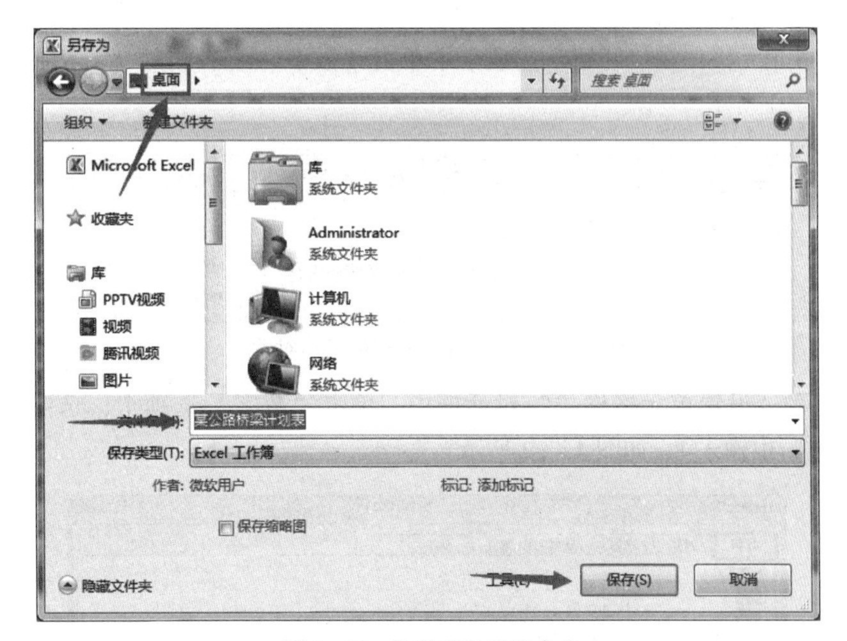

图4－20　为储存的表格命名

实训二　Excel 2010 公式/函数的综合应用（一）

一、实训目的和要求

（1）能够用公式计算出“2016 年学前教育基础数据表 . xlsx”中所对应的各数据比例。主要有：

①公办幼儿园占全市幼儿园的比例；

②公办及普惠制幼儿园比例；

③省优质园比例；

④市优质园比例；

⑤专业教师率；

⑥大专以上学历比例；

⑦师生比；

⑧公办及普惠制就读比例；

⑨优质园就读比例。

(2) 熟练设置百分比的显示效果。

二、实训内容和步骤

(1) 打开“2016年学前教育基础数据表.xlsx”素材，完成“全市幼儿园所占比例”计算。

1) 用公式计算出“公办幼儿园占全市幼儿园的比例”。

①单击B6单元格，在“开始”选项卡中单击“数字”组右侧的“对话框启动器”按钮，如图4-21所示。

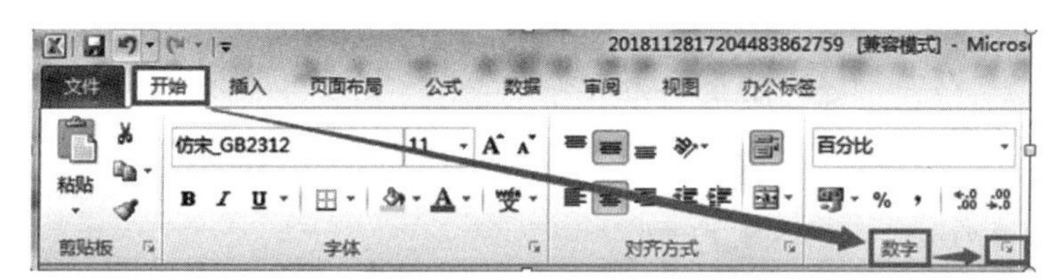

图4-21　打开“单元格格式”对话框

②在打开的“设置单元格格式”对话框中，单击“数字”选项卡，选中“百分比”，在“小数位数”中输入1，如图4-22所示。

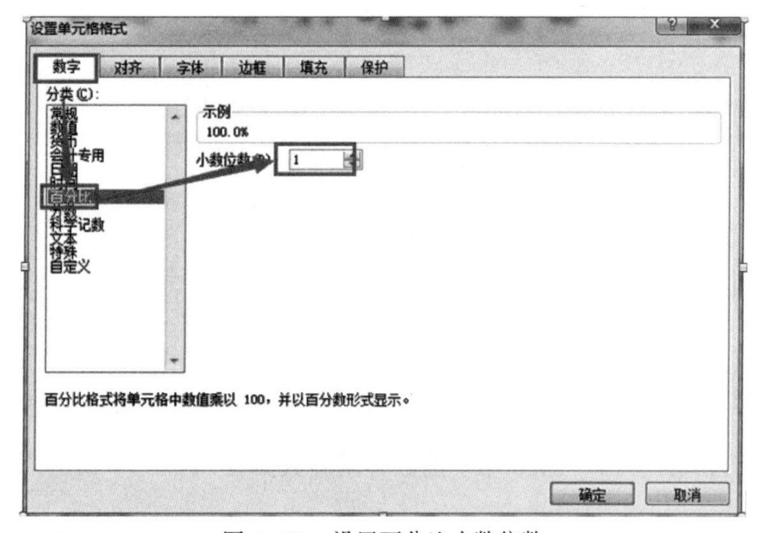

图4-22　设置百分比小数位数

③将鼠标指针移到B6单元格右下角的填充柄上，此时鼠标指针变为实心的十字形，按住鼠标左键拖动B6单元格右下角的填充柄到H6单元格，完成B6:H6单元格区域的填充。

❖ **提示：**

在B6单元格中输入“=B5/B4”。

2）用公式算出“公办及普惠制幼儿园比例”。

①单击B9单元格，在“开始”选项卡中找到“数字”下的“对话框启动器”按钮，如图4-21所示。

②在打开的“设置单元格格式”对话框中，单击“数字”选项卡中的“百分比”，在“小数位数”中输入1，如图4-22所示。

③将鼠标指针移到B9单元格右下角的填充柄上，此时鼠标指针变为实心的十字形，按住鼠标左键拖动B9单元格右下角的填充柄到H9单元格，完成B9:H9单元格区域的填充。

❖ **提示：**

在B9单元格中输入“=(B8+B5)/B4”。

3）用公式算出“省优质园比例”。

①单击B12单元格，在“开始”选项卡中找到“数字”下的“对话框启动器”按钮，如图4-21所示。

②在打开的“设置单元格格式”对话框中，单击“数字”选项卡中的“百分比”，在“小数位数”中输入1，如图4-22所示。

③将鼠标指针移到B12单元格右下角的填充柄上，此时鼠标指针变为实心的十字形，按住鼠标左键拖动B12单元格右下角的填充柄到H12单元格，完成B12:H12对话框启动器的填充。

❖ **提示：**

在B12单元格中输入“=B10/B4”

4）用公式算出“市优质园比例”。

①单击鼠标左键，选取B13单元格，在“开始”选项卡中找到“数字”下的“对话框启动器”按钮，如图4-21所示。

②在打开的“设置单元格格式”对话框中，单击“数字”选项卡中的“百分比”，在“小数位数”中输入1，如图4-22所示。

③将鼠标指针移到B13单元格右下角的填充柄上，此时鼠标指针变为实心的十字形，按住鼠标左键拖动B13单元格右下角的填充柄到H13单元格，完成B13:H13单元格区域的填充。

❖ **提示：**

在B13单元格中输入“=B11/B4”

（2）打开“2016年学前教育基础数据表.xlsx”，完成“全市幼儿园师资所占比例”计算。

1）用公式算出“专业教师率”。

①单击鼠标左键，选取B17单元格，在“开始”选项卡中找到“数字”下的“对话框

启动器”按钮，如图4－21所示。

②在打开的“设置单元格格式”对话框中，单击“数字”选项卡中的“百分比”，在“小数位数”中输入1，如图4－22所示。

③将鼠标指针移到B17单元格右下角的填充柄上，此时鼠标指针变为实心的十字形，按住鼠标左键拖动B17单元格右下角的填充柄到H17单元格，完成B17:H17单元格区域的填充。

❖ **提示：**

在B17单元格中输入“＝B15/B14”。

2）用公式算出“大专以上学历比例”。

①单击鼠标左键，选取B18单元格，在“开始”选项卡中找到“数字”下的“对话框启动器”按钮，如图4－21所示。

②在打开的“设置单元格格式”对话框中，单击“数字”选项卡中的“百分比”，在“小数位数”中输入1，如图4－22所示。

③将鼠标指针移到B18单元格右下角的填充柄上，此时鼠标指针变为实心的十字形，按住鼠标左键拖动B18单元格右下角的填充柄到H18单元格，完成B18:H18单元格区域的填充。

❖ **提示：**

在B18单元格中输入“＝B16/B14”。

3）用公式算出“公办教师在编比例”。

①单击鼠标左键，选取B21单元格，在“开始”选项卡中找到“数字”下的“对话框启动器”按钮，如图4－21所示。

②在打开的“设置单元格格式”对话框中，单击“数字”选项卡中的“百分比”，在“小数位数”中输入1，如图4－22所示。

③将鼠标指针移到B21单元格右下角的填充柄上，此时鼠标指针变为实心的十字形，按住鼠标左键拖动B21单元格右下角的填充柄到H21单元格，完成B21:H21单元格区域的填充。

❖ **提示：**

在B21单元格中输入“＝B20/B19”。

（3）打开“2016年学前教育基础数据表.xlsx”，完成“全市幼儿园学生就读比例”计算。

1）用公式算出“公办及普惠制就读比例”。

①单击鼠标左键，选取B28单元格，在“开始”选项卡中找到“数字”下的“对话框启动器”按钮，如图4－21所示。

②在打开的“设置单元格格式”对话框中，单击“数字”选项卡中的“百分比”，在“小数位数”中输入1，如图4－22所示。

③将鼠标指针移到B28单元格右下角的填充柄上，此时鼠标指针变为实心的十字形，按住鼠标左键拖动B28单元格右下角的填充柄到H28单元格，完成B28:H28单元格区域的填充。

❖ **提示：**

在 B28 单元格中输入“=(B25+B27)/B24”。

2）用公式算出“优质园就读比例”。

①单击鼠标左键，选取 B31 单元格，在“开始”选项卡中找到“数字”下的“对话框启动器”按钮，如图 4-21 所示。

②在打开的“设置单元格格式”对话框中，单击“数字”选项卡中的“百分比”，在“小数位数”中输入 1，如图 4-22 所示；

③将鼠标指针移到 B31 单元格右下角的填充柄上，此时鼠标指针变为实心的十字形，按住鼠标左键拖动 B31 单元格右下角的填充柄到 H31 单元格，完成 B31:H31 单元格区域的填充。

❖ **提示：**

在 B31 单元格中输入“=(B29+B30)/B24”。

完成后所有计算后，最终效果如图 4-23～图 4-25 所示。

内容	市直属	五华区	西山区	官渡区	高新区	呈贡新区	市区合计
一、全市幼儿园总数	4	63	38	53	44	41	243
其中：公办幼儿园	3	40	33	36	29	22	163
公办占比	75.0%	63.5%	86.8%	67.9%	65.9%	53.7%	67.1%
其中：民办幼儿园	1	23	5	17	15	19	80
其中：普惠制收费园	0	2	0	13	4	11	30
公办及普惠制幼儿园比例	75%	67%	87%	92%	75%	80%	79%
其中：省优质园	3	46	28	32	34	23	166
其中：市优质园	0	16	3	11	6	12	48
省优质园比例	75.0%	73.0%	73.7%	60.4%	77.3%	56.1%	68.3%
市优质园比例	0.0%	25.4%	7.9%	20.8%	13.6%	29.3%	19.8%

图 4-23　效果 1

二、全市幼儿园老师总数	315	1764	1259	1313	1328	1333	7312
幼儿教育专业教师数	263	1270	1078	1203	580	717	5111
大专以上学历教师数	308	1693	1184	1268	1271	1313	7037
专业教师率	83.5%	72.0%	85.6%	91.6%	43.7%	53.8%	69.9%
大专以上学历比例	97.8%	96.0%	94.0%	96.6%	95.7%	98.5%	96.2%
其中：公办幼儿园	233	1110	1120	851	894	779	4987
其中：在编老师	185	609	188	191	491	129	1793
公办教师在编比例	79.4%	54.9%	16.8%	22.4%	54.9%	16.6%	36.0%
其中：民办幼儿园	82	654	139	462	434	554	2325

图 4-24　效果 2

三、全市幼儿园学生总数	3552	25392	19196	21586	18254	19404	107384
其中：公办幼儿园	2844	15740	17082	14099	12232	11240	73237
其中：民办幼儿园	708	9652	2114	7487	6022	8164	34147
其中：普惠制收费园	0	669	0	5974	1406	3314	11363
公办及普惠制就读比例	80.1%	64.6%	89.0%	93.0%	74.7%	75.0%	78.8%
其中：省优质园	2844	19704	16508	14819	15266	11859	81000
其中：市优质园	0	5436	508	2911	2020	4789	15664
优质园就读比例	80.1%	99.0%	88.6%	82.1%	94.7%	85.8%	90.0%

图 4-25　效果 3

实训三　Excel 2010 公式/函数的综合应用（二）

一、实训目的和要求

（1）掌握 Excel 中求和、求平均值、求最大值、求最小值的方法，以及常用函数的使用方法。

（2）熟悉以下函数的功能。

①=SUM()，计算单元格区域中所有数值的和。

②=AVERAGE()，返回其参数的算术平均值。

③=IF()，判断是否满足某个条件，如果满足，返回一个值；如果不满足，则返回另一个值。

④=RANK()，返回某数字在一列数字中相对于其他数值的大小排名。

⑤=MAX()，函数返回参数列表中的最大数值。

⑥=MIN()，函数返回参数列表中的最小数值。

⑦=COUNTIF()，统计某一区域中符合条件的单元格数目。

⑧=COUNT()，计算区域中包含数字的单元格的个数。

二、实训内容和步骤

（1）双击打开“2019 级计算机班期末成绩表.xlsx”，用所学函数完成总分、平均分、是否补考、名次的计算。

1）求总分。

①鼠标左键单击 G3 单元格，在“公式”选项卡中单击 *fx*，弹出“插入函数”对话框，如图 4-26 所示。

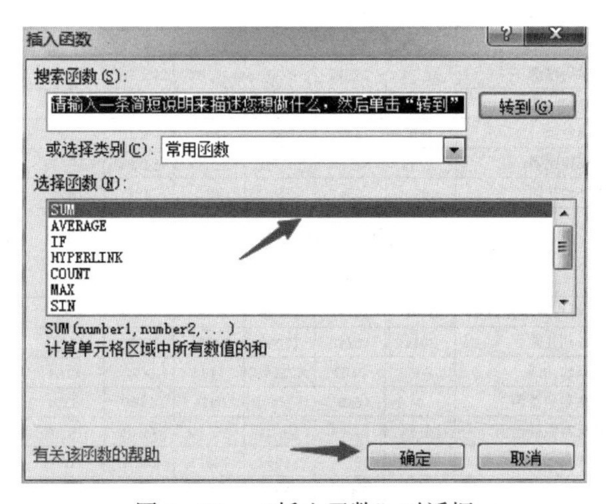

图 4-26　“插入函数”对话框

单击“SUM”后单击“确认”按钮，弹出对话框，如图 4-27 所示。单击“选取”按

钮▣，选取 D3:F3 单元格区域，单击“确定”按钮后，按 Enter 键完成求和计算。

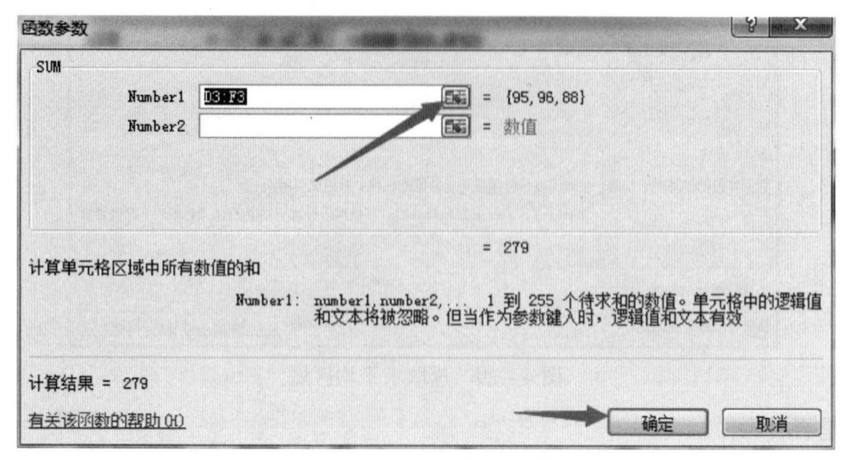

图 4-27　选取求和区域

②将鼠标指针移到 G3 单元格右下角的填充柄上，此时鼠标指针变为实心的十字形，按住鼠标左键拖动 G3 单元格右下角的填充柄到 G14 单元格，完成 G3:G14 单元格区域总分的填充。

2）求平均分。

①鼠标左键单击 G3 单元格，在“公式”选项卡中单击 fx，弹出的对话框如图 4-28 所示。

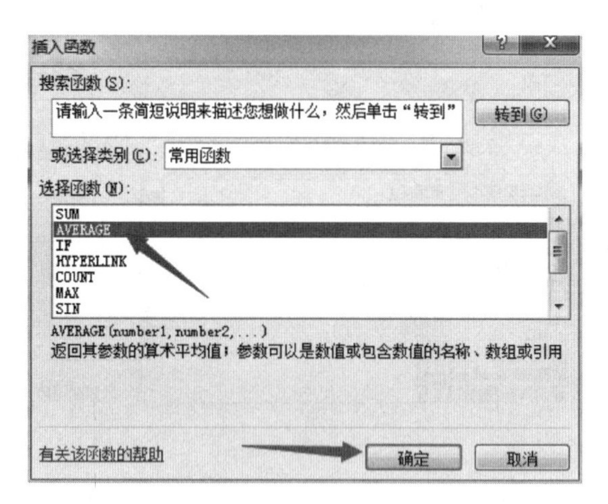

图 4-28　选择求平均值函数

单击“AVERAGE”→“确认”，弹出“函数参数”对话框，如图 4-29 所示。

单击选取按钮▣选取 D3:F3 单元格区域，单击“确定”按钮，按 Enter 键完成求平均分计算。

②将鼠标指针移到 H3 单元格右下角的填充柄上，此时鼠标指针变为实心的十字形，按住鼠标左键拖动 H3 单元格右下角的填充柄到 H14 单元格，完成 H3:H14 单元格区域平均分的填充。

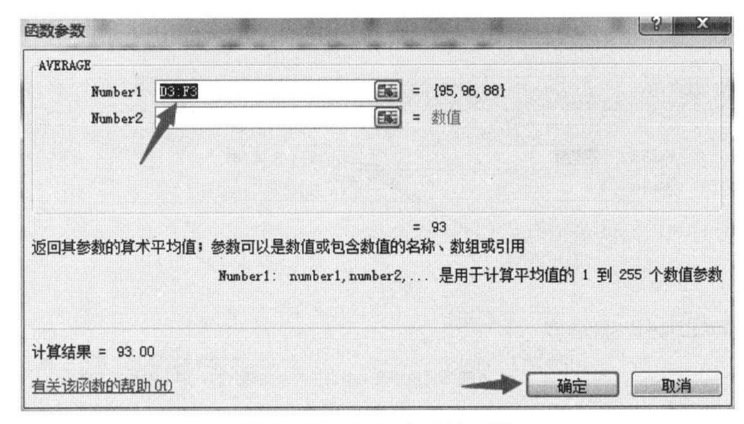

图 4－29　选取求平均区域

3）求是否补考。

①鼠标左键单击 I3 单元格，在 I3 单元格内判断是否补考，用 IF 嵌套，在 I3 单元格内输入公式“=IF(D3<60,"T",IF(E3<60,"T",IF(F3<60,"T","F")))”。

②将鼠标指针移到 I3 单元格右下角的填充柄上，此时鼠标指针变为实心的十字形，按住鼠标左键拖动 I3 单元格右下角的填充柄到 H14 单元格，完成 I3:I14 单元格区域是否补考的填充。

4）求名次。

①鼠标左键单击 J3 单元格，在“公式”选项卡中单击 *fx*，弹出“插入函数”对话框，如图 4－30 所示。单击选择类别“全部”，单击“确定”按钮。

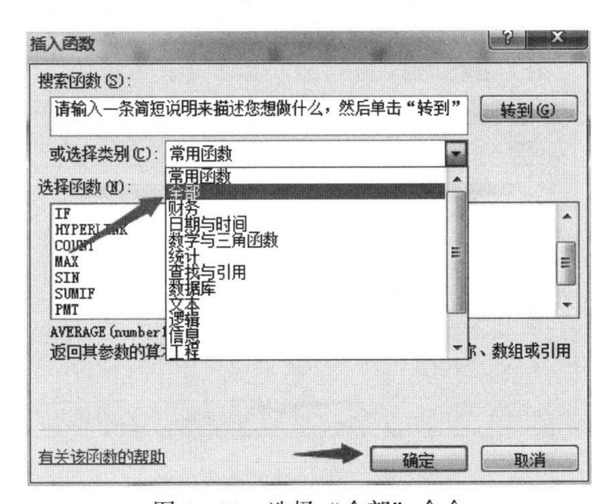

图 4－30　选择“全部”命令

弹出“插入函数”对话框，选择函数“RANK”，单击“确定”按钮，如图 4－31 所示。

在弹出的“函数参数”对话框中，在“Number”中单击▣，选取 G3 单元格，在“Ref”中单击▣，选取 G3:G14 单元格区域，并在里面加上“$”，变成绝对引用，单击“确定”按钮后按 Enter 键，如图 4－32 所示。

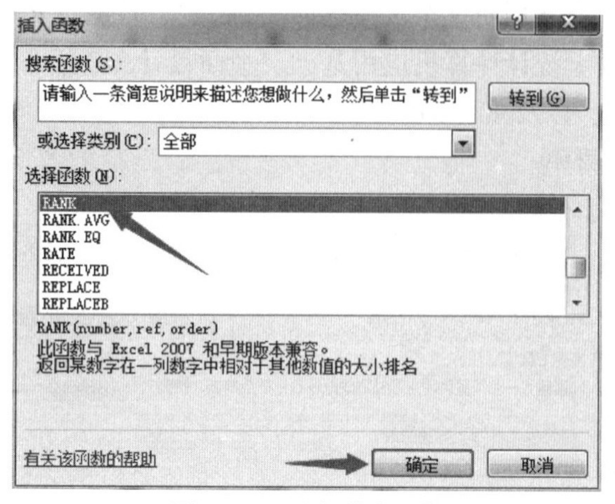

图4－31　选择排序函数

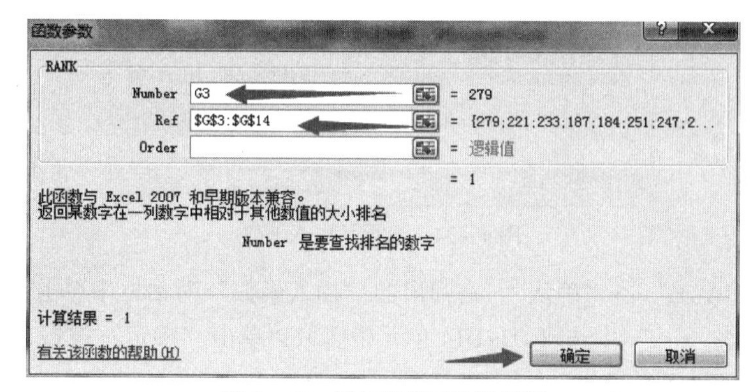

图4－32　添加排序函数数据源

②将鼠标指针移到J3单元格右下角的填充柄上，此时鼠标指针变为实心的十字形，按住鼠标左键拖动J3单元格右下角的填充柄到H14单元格，完成J3:J14单元格区域名次的排序计算。

最终结果如图4－33所示。

2019级计算机班期末成绩表

学号	姓名	性别	计算机应用基础	平面设计	C语言设计	总分	平均分	是否补考	名次
2019012001	孙正红	男	95	96	88	279	93.00	F	1
2019012002	白艳红	女	76	70	75	221	73.67	F	5
2019012003	陈玉楠	女	85	80	68	233	77.67	F	4
2019012004	王小龙	男	64	68	***55***	187	62.33	T	10
2019012005	施杰	男	66	65	***53***	184	61.33	T	11
2019012006	周斌	男	91	90	70	251	83.67	F	2
2019012007	周海波	男	86	85	76	247	82.33	F	3
2019012008	和永香	女	72	70	68	210	70.00	F	7
2019012009	周海波	男	***50***	***53***	90	193	64.33	T	9
2019012010	张涛	男	63	66	70	199	66.33	F	8
2019012011	李梅雪	女	***55***	***46***	60	161	53.67	T	12
2019012012	王昊	男	80	82	***56***	218	72.67	T	6

图4－33　“2019级计算机班期末成绩”样文

（2）打开“2019级计算机班期末成绩统计表.xlsx”，根据“2019级计算机班期末成绩表.xlsx”中的数据内容，统计计算机应用基础、平面设计、C语言设计的班级平均分、班级最高分、班级最低分，以及90～100分、80～89分、70～79分、60～69分、59分以下的人数，计算及格率和优秀率。

1）求三门课程中每门课程的“班级平均分”。

①单击B3单元格，在“公式”选项卡中单击fx，弹出的对话框如图4－34所示。

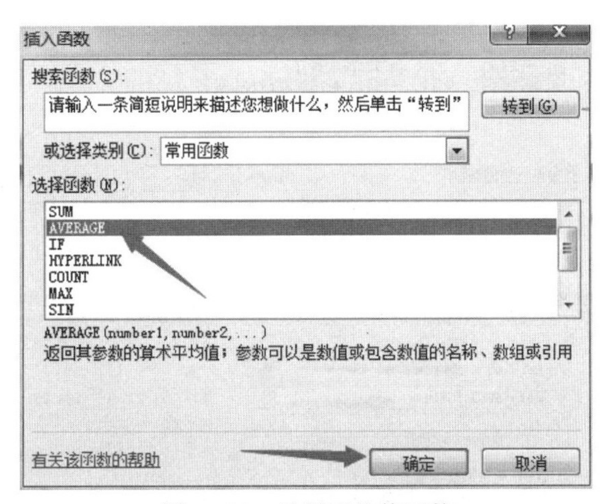

图4－34　选择平均值函数

单击“AVERAGE”→“确认”，在弹出的“插入函数”对话框中单击▣，在“2019级计算机期末成绩表.xlsx”中选取D3:D14单元格区域，单击“确定”按钮，按Enter键完成求计算机应用基础班级平均分，如图4－35所示。

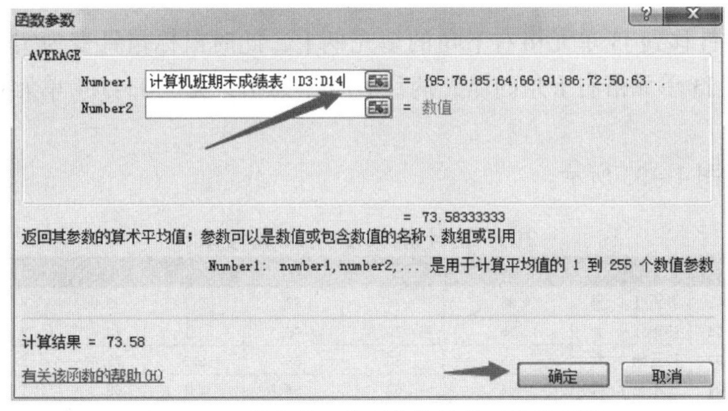

图4－35　选取用于求平均值的单元格的区域

②将鼠标指针移到B3单元格右下角的填充柄上，此时鼠标指针变为实心的十字形，按住鼠标左键拖动B3单元格右下角的填充柄到D3单元格，完成B3:D3单元格区域其他两门课平均分的填充。

2）求三门课程中每门课程的班级最高分。

①鼠标左键单击B4单元格，在“公式”选项卡中单击fx，弹出如图4－36所示对

话框。

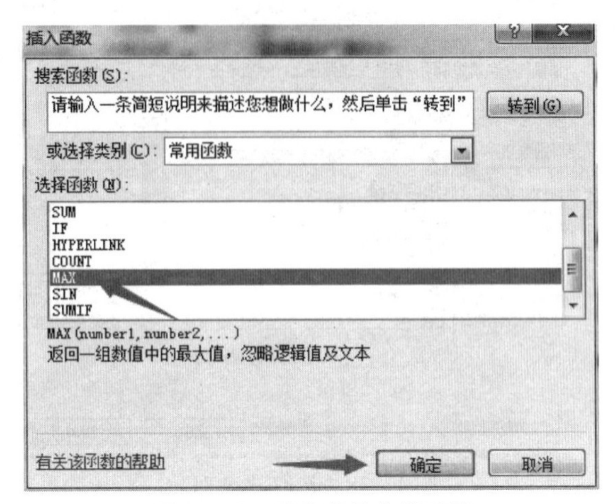

图4－36　选取求最大值函数

选择“MAX”→“确认”，在弹出的“函数参数”对话框中单击，在“2019级计算机期末成绩表.xlsx”中选取D3:D14单元格区域，单击“确定”按钮，按Enter键完成求计算机应用基础班级最高分，如图4－37所示。

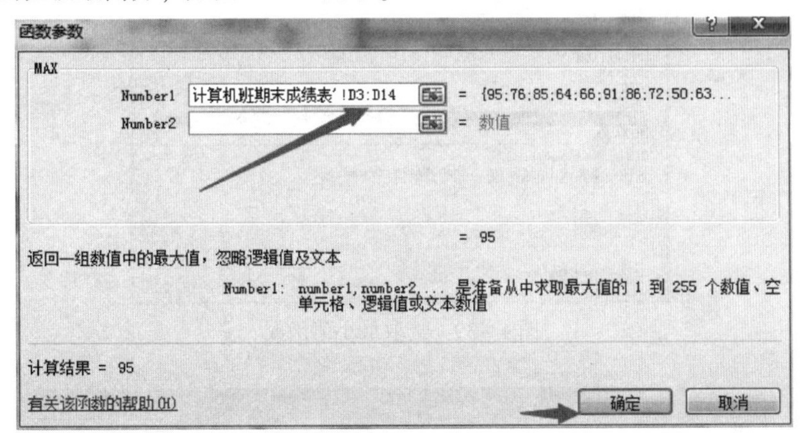

图4－37　选取用于求最大值单元格的区域

②将鼠标指针移到B4单元格右下角的填充柄上，此时鼠标指针变为实心的十字形，按住鼠标左键拖动B4单元格右下角的填充柄到D4单元格，完成B4:D4单元格区域其他两门课的最高分填充。

3）求三门课程中每门课程的班级最低分。

①鼠标左键单击B5单元格，在“公式”选项卡中单击*fx*，弹出“插入函数”对话框，如图4－38所示。选择类别“全部”，单击“确定”按钮。

在打开的“插入函数”对话框中，选择函数“MIN”→“确定”，如图4－39所示。

在弹出的“函数参数”对话框中单击，在“2019级计算机期末成绩表.xlsx”中选取D3:D14单元格区域，单击“确定”按钮，按Enter键完成求计算机应用基础班级最低分的计算，如图4－40所示。

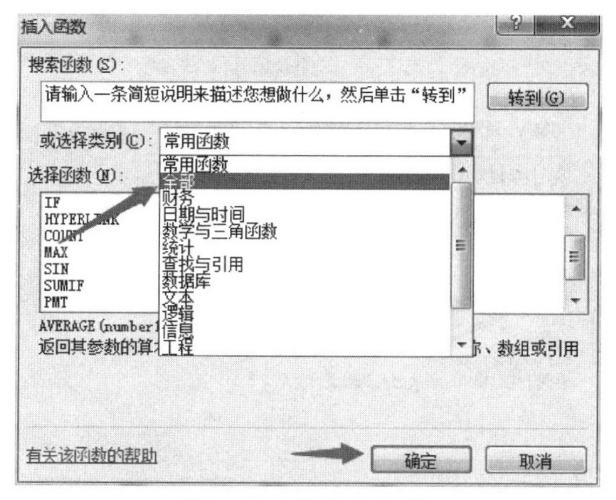

图 4 – 38　选取“全部”

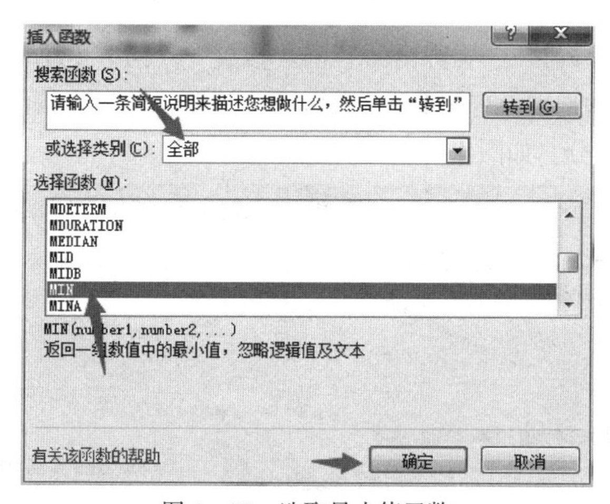

图 4 – 39　选取最小值函数

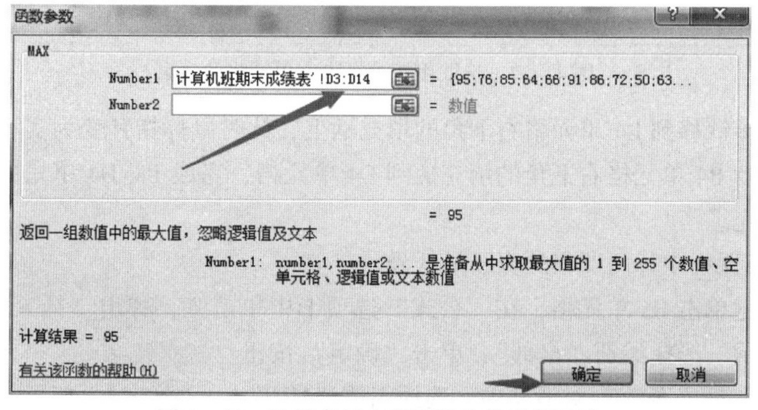

图 4 – 40　选择求最小值函数的单元格区域

②将鼠标指针移到 B5 单元格右下角的填充柄上，此时鼠标指针变为实心的十字形，按住鼠标左键拖动 B5 单元格右下角的填充柄到 D5 单元格，完成 B5:D5 单元格区域计算机应用基础班级最低分的填充。

4）求三门课程中每门课程 90～100 分的人数。

①选取 B6 单元格，在 B6 单元格中输入“=COUNTIF('2019 级计算机班期末成绩表'! D3:D14,">=90")”。

②将鼠标指针移到 B6 单元格右下角的填充柄上，此时鼠标指针变为实心的十字形，按住鼠标左键拖动 B6 单元格右下角的填充柄到 D6 单元格，完成 B6:D6 单元格区域其他两门课程 90～100 分的人数统计填充。

5）求三门课程中每门课程 80～89 分的人数。

①选取 B7 单元格，在 B7 单元格中输入“=COUNTIF('2019 级计算机班期末成绩表'! D3:D14,">=80")－B6”。

②将鼠标指针移到 B7 单元格右下角的填充柄上，此时鼠标指针变为实心的十字形，按住鼠标左键拖动 B7 单元格右下角的填充柄到 D7 单元格，完成其他两门课程 80～89 分的人数统计填充。

6）求三门课程中每门课程 70～79 分的人数。

①选取 B8 单元格，在 B8 单元格中输入“=COUNTIF('2019 级计算机班期末成绩表'! D3:D14,">=70")－B6－B7”。

②将鼠标指针移到 B8 单元格右下角的填充柄上，此时鼠标指针变为实心的十字形，按住鼠标左键拖动 B8 单元格右下角的填充柄到 D8 单元格，完成其他两门课程 70～79 分的人数统计填充。

7）求三门课程中每门课程 60～69 分的人数。

①选取 B9 单元格，在 B9 单元格中输入“=COUNTIF('2019 级计算机班期末成绩表'! D3:D14,">=60")－B6－B7－B8”。

②将鼠标指针移到 B9 单元格右下角的填充柄上，此时鼠标指针变为实心的十字形，按住鼠标左键拖动 B9 单元格右下角的填充柄到 D9 单元格，完成其他两门课程 60～69 分的人数统计填充。

8）求三门课程中每门课程 59 分以下的人数。

①选取 B10 单元格，在 B10 单元格输入“=COUNTIF('2019 级计算机班期末成绩表'! D3:D14,"<60")”。

②将鼠标指针移到 B10 单元格右下角的填充柄上，此时鼠标指针变为实心的十字形，按住鼠标左键拖动 B10 单元格右下角的填充柄到 D10 单元格，完成 B10:D10 单元格区域其他两门课程 59 分以下的人数统计填充。

9）求三门课程中每门课程的及格率的人数。

①选取 B11 单元格，在 B11 单元格中输入“=COUNTIF('2019 级计算机班期末成绩表'! D3:D14,">=60")/COUNT('2019 级计算机班期末成绩表'! D3:D14)”。

②将鼠标指针移到 B11 单元格右下角的填充柄上，此时鼠标指针变为实心的十字形，按住鼠标左键拖动 B11 单元格右下角的填充柄到 D11 单元格，完成其他两门课程的及格率填充。

10）求三门课程中每门课程的优秀率。

①选取 B1 单元格，在 B12 单元格中输入"=COUNTIF('2019 级计算机班期末成绩表'! D3:D14,">=90")/COUNT('2019 级计算机班期末成绩表'! D3:D14)"。

②将鼠标指针移到 B12 单元格右下角的填充柄上，此时鼠标指针变为实心的十字形，按住鼠标左键拖动 B12 单元格右下角的填充柄到 D12 单元格，完成其他两门课程的优秀率的填充。

最终效果如图 4-41 所示。

2019级计算机班期末成绩统计表			
课程	计算机应用基础	平面设计	C语言程序设计
班级平均分	73.58	72.58	69.08
班级最高分	95	96	90
班级最低分	50	46	53
90-100分（人）	2	2	1
80-89分（人）	3	3	1
70-79分（人）	2	2	4
60-69分（人）	3	3	3
59分以下（人）	2	2	3
及格率	83.33%	83.33%	75.00%
优秀率	16.67%	16.67%	8.33%

图 4-41 "2019 级计算机班期末成绩统计表"效果

实训四 Excel 2010——数据的处理

一、实训目的和要求

（1）掌握数据排序的方法。

（2）掌握筛选数据的方法。

（3）能够对数据进行分类汇总。

（4）熟悉数据透视表的创建方法。

二、实训内容和步骤

1. 排序数据

在"排序"工作表中对"处方类别"进行升序排序，按"门店库存数量"进行降序排序。

打开"某药店年销售汇总表.xlsx"工作簿，在"排序"工作表中单击任一单元格，在"数据"选项卡中的"排序和筛选"组中单击"排序"按钮，打开"排序"对话框，设置"主要关键字"为处方类别，"次序"为升序，然后单击"添加条件"按钮，添加一个次要条件，再设置"次要关键字"为门店库存数量，"次序"为降序，如图 4-42 所示。

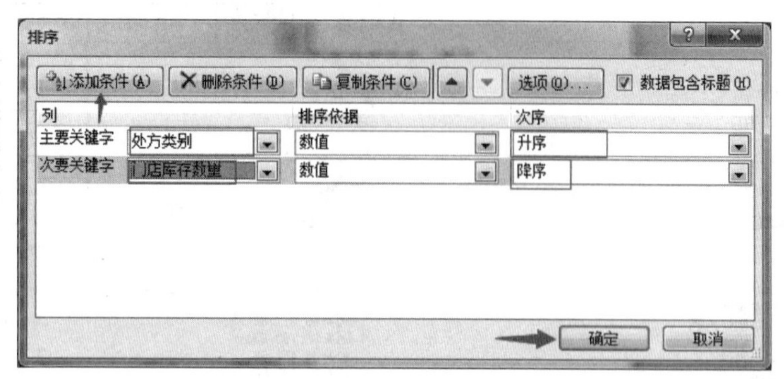

图 4－42　排序

最终效果如图 4－43 所示。

某药店年销售汇总表

商品名称	处方类别	商品厂家	销售金额	成本金额	门店库存数量	销售利润	进货量
高嗓胖大海清咽糖	保健食品	江中药业股份有限公司	¥ 10,153.06	¥ 6,227.76	218	¥ 3,925.30	
侯特叔牌益咽含片	保健食品	广西玉林制药集团巨安保健品有限	¥ 197.55	¥ 88.00	214	¥ 109.55	
汤臣倍健锌咀嚼片	保健食品	广东汤臣倍健生物科技股份有限公	¥ 55,218.46	¥ 15,364.00	179	¥ 39,854.46	
斯强牌成人高钙片	保健食品	西安斯强实业有限公司	¥ 4,076.68	¥ 1,118.84	76	¥ 2,957.84	
斯强牌清康芦荟胶囊	保健食品	西安斯强实业有限公司	¥ 600.60	¥ 179.35	53	¥ 421.25	
阿司维康一品康鱼油软胶囊	保健食品	广东长兴科技保健品有限公司	¥ 14,032.91	¥ 3,245.19	32	¥ 10,787.72	
阿司维康一品康鱼油软胶囊	保健食品	广东长兴科技保健品有限公司	¥ 14,463.02	¥ 3,579.83	28	¥ 10,883.19	
斯强牌牛初乳胶囊	保健食品	西安斯强实业有限公司	¥ 600.00	¥ 146.56	26	¥ 453.44	
阿司维康贝兴牌维生素C片	保健食品	广东长兴科技保健品有限公司	¥ 9,444.86	¥ 1,470.20	23	¥ 7,974.66	
斯强牌乳酸营养颗粒	保健食品	西安斯强实业有限公司	¥ 5,572.00	¥ 1,850.32	19	¥ 3,721.68	
阿司维康长兴牌西洋参含片	保健食品	广东长兴科技保健品有限公司	¥ 2,894.92	¥ 449.82	19	¥ 2,445.10	
千林维妥立多种维生素矿物质片	保健食品	广东仙乐制药有限公司	¥ 3,532.80	¥ 2,329.60	16	¥ 1,203.20	
阿司维康贝兴牌β－胡萝卜素软	保健食品	广东长兴科技保健品有限公司	¥ 2,528.10	¥ 351.85	11	¥ 2,176.25	
千林维妥立多种维生素矿物质片	保健食品	广东仙乐制药有限公司	¥ 1,453.10	¥ 1,053.00	11	¥ 400.10	
阿司维康一品康血红素铁补铁片	保健食品	广东长兴科技保健品有限公司	¥ 9,275.62	¥ 1,453.48	7	¥ 7,822.14	
阿司维康贝兴牌蜂胶软胶囊	保健食品	广东长兴科技保健品有限公司	¥ 7,072.78	¥ 1,348.91	6	¥ 5,723.87	
阿司维康一品康钙+维生素D软胶	保健食品	广东长兴科技保健品有限公司	¥ 20,171.60	¥ 4,455.04	6	¥ 15,716.56	
千林维妥立多种维生素矿物质咀	保健食品	广东仙乐制药有限公司	¥ 4,287.60	¥ 2,878.20	4	¥ 1,409.40	
阿司维康一品康维生素C+维生素	保健食品	广东长兴科技保健品有限公司	¥ 1,190.07	¥ 311.64	2	¥ 878.43	
阿司维康长兴开胃消食片	保健食品	广东长兴科技保健品有限公司	¥ 1,269.51	¥ 232.80	1	¥ 1,036.71	
阿斯维康贝兴牌B族维生素片	保健食品	广东长兴科技保健品有限公司	¥ 4,452.07	¥ 879.60	0	¥ 3,572.47	

图 4－43　排序后的效果

2. 筛选数据

(1) 自定义筛选。

筛选出“处方类别”为甲类 OTC 且“销售利润”大于 10 000 元的商品。

①双击打开“某药店年销售汇总表 . xlsx”工作簿，单击“自定义筛选”工作表，单击任一单元格，在“数据”选项卡中的“排序和筛选”组中单击“筛选”按钮。单击“处方类别”右下角的下拉箭头，在展开的列表中取消“全选”，只勾选要显示的处方类别即可，如图 4－44 所示。

②单击“销售利润”右下角的下拉箭头，在打开的筛选列表中选择“数字筛选”，然后在展开的子列表中选择一种筛选条件，选择“大于”，单击“确定”按钮，如图 4－45 所示。在弹出的“自定义自动筛选方式 ”对话框中设置筛选条件为“大于”，在编辑框内输入“10000”，单击“确定”按钮，如图 4－46 所示。

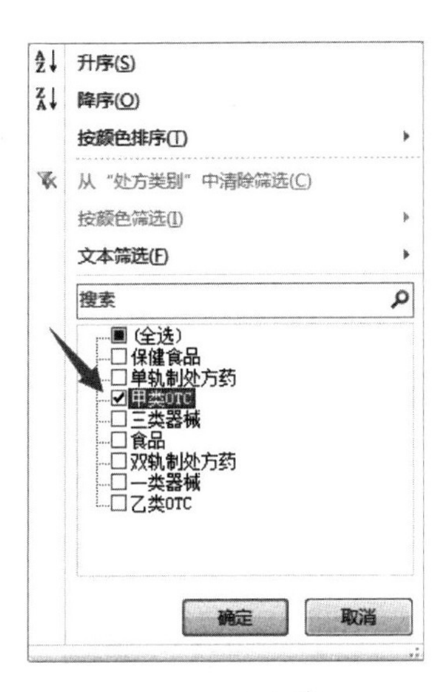

图 4－44　文本筛选

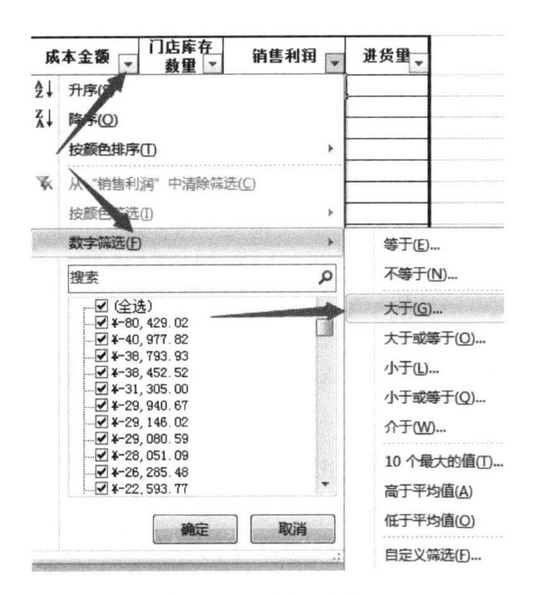

图 4－45　自定义筛选

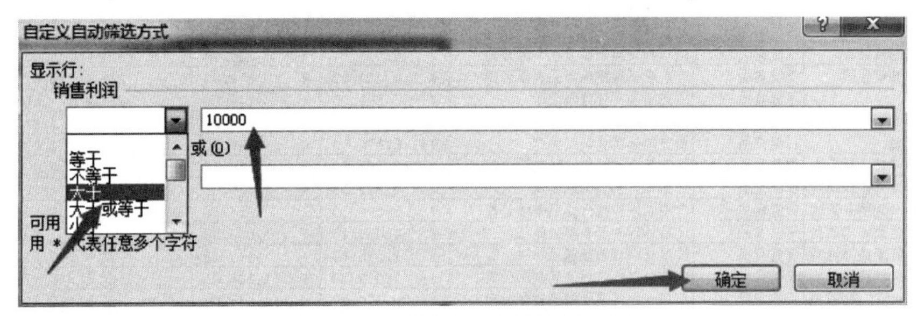

图 4－46　设置自定义筛选条件

最终效果如图 4－47 所示。

某药店年销售汇总表

商品名称	处方类别	商品厂家	销售金额	成本金额	门店库存数量	销售利润
#麝香壮骨膏	甲类OTC	湖北康源药业有限公司	¥ 57,462.72	¥ 29,603.70	59	¥ 27,859.02
#麝香壮骨膏	甲类OTC	湖北康源药业有限公司	¥ 51,787.39	¥ 20,839.80	492	¥ 30,947.59
感冒灵颗粒	甲类OTC	华润三九医药有限公司	¥ 713,569.07	¥ 607,530.83	8005	¥ 106,038.24
橘红痰咳颗粒	甲类OTC	黑龙江省济仁药业有限公司	¥ 79,717.59	¥ 30,615.10	93	¥ 49,102.49
胃康灵胶囊	甲类OTC	修正药业集团股份有限公司	¥ 40,144.32	¥ 10,552.50	539	¥ 29,591.82
复方氨酚烷胺胶囊	甲类OTC	江西铜鼓仁和制药有限公司	¥ 108,916.75	¥ 61,314.50	1607	¥ 47,602.25
小儿氨酚烷胺颗粒	甲类OTC	江西铜鼓仁和制药有限公司	¥ 64,689.48	¥ 36,335.00	319	¥ 28,354.48
逍遥丸(浓缩丸)	甲类OTC	兰州佛慈制药股份有限公司	¥ 87,490.97	¥ 59,647.00	818	¥ 27,843.97
秋梨润肺膏	甲类OTC	库尔勒龙之源药业有限责任公司	¥ 27,921.62	¥ 6,677.04	275	¥ 21,244.58
左炔诺孕酮肠溶胶囊	甲类OTC	浙江仙琚制药股份有限公司	¥ 31,876.06	¥ 10,065.50	80	¥ 21,810.56
养阴清肺颗粒	甲类OTC	药圣堂(湖南)制药有限公司	¥ 70,092.55	¥ 31,333.00	380	¥ 38,759.55
蒙脱石散	甲类OTC	江苏万高药业有限公司	¥ 43,801.48	¥ 16,433.10	234	¥ 27,368.38
小儿止咳糖浆	甲类OTC	四川升和药业股份有限公司	¥ 47,580.51	¥ 9,321.06	283	¥ 38,259.45
普乐安片	甲类OTC	浙江康恩贝制药股份有限公司	¥ 97,995.62	¥ 66,179.40	500	¥ 31,816.22
鼻炎康片	甲类OTC	佛山德众药业有限公司	¥ 66,890.38	¥ 37,119.64	338	¥ 29,770.74
消糜栓	甲类OTC	通化万通药业股份有限公司	¥ 88,417.37	¥ 34,498.70	308	¥ 53,918.67
克霉唑阴道片	甲类OTC	哈药集团三精制药诺捷有限责任公	¥ 87,947.80	¥ 17,402.20	276	¥ 70,545.60
复方三七胶囊	甲类OTC	通化振霖药业有限责任公司	¥ 34,091.65	¥ 10,684.35	260	¥ 23,407.30
甲硝唑口颊片	甲类OTC	远大医药(中国)有限公司	¥ 49,568.14	¥ 17,266.80	339	¥ 32,301.34
复方酮康唑发用洗剂	甲类OTC	昆明滇虹药业有限公司	¥ 57,584.30	¥ 18,277.70	240	¥ 39,306.60
通窍鼻炎片	甲类OTC	通化华辰药业股份有限公司	¥ 82,551.01	¥ 25,817.20	537	¥ 56,733.81

图 4－47　自定义筛选后样文

（2）高级筛选。

筛选出“处方类别”为甲类 OTC，“门店库存数量”小于等于 0 的药品清单，并从 J3 单元格开始显示筛选结果。

①双击打开“某药店年销售汇总表.xlsx”工作簿，单击“高级筛选”工作表，在J3:K4 单元格区域输入筛选条件，如图 4－48 所示。

②在“数据”选项卡中的“排序和筛选”组中单击“高级”按钮，打开“高级筛选”对话框，“列表区域 ”（参与高级筛选的数据区域）为默认，查看是否正确。

③单击“条件区域”右侧按钮，鼠标拖拽选取 J3:K4 单元格区域，如图 4－49 所示。

处方类别	门店库存数量
甲类OTC	<=0

图 4－48　设置高级筛选条件

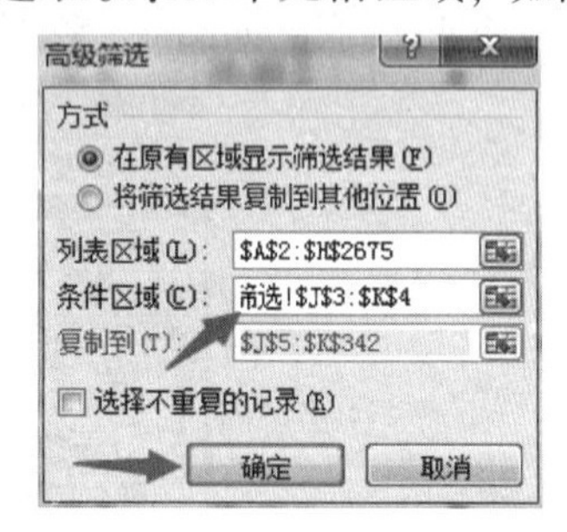

图 4－49　“高级筛选”对话框设置

最终结果如图 4－50 所示。

某药店年销售汇总表

商品名称	处方类别	商品厂家	销售金额	成本金额	门店库存数量	销售利润
咳特灵胶囊	甲类OTC	桂林葛仙翁药业有限公司	¥ 72.00	¥ 57.00	0	¥ 15.00
桂附地黄丸	甲类OTC	宝商集团陕西辰济药业有限公司	¥ 205.07	¥ 162.00	0	¥ 43.07
杞菊地黄丸	甲类OTC	宝商集团陕西辰济药业有限公司	¥ 23.62	¥ 24.00	0	¥ -0.38
藿香正气丸	甲类OTC	宝商集团陕西辰济药业有限公司	¥ 7.00	¥ 5.00	0	¥ 2.00
健脾丸	甲类OTC	宝商集团陕西辰济药业有限公司	¥ 2.50	¥ 2.00	0	¥ 0.50
明目地黄丸	甲类OTC	宝商集团陕西辰济药业有限公司	¥ 57.46	¥ 48.00	0	¥ 9.46
#麝香壮骨膏	甲类OTC	湖北康源药业有限公司	¥ 3.00	¥ 1.26	0	¥ 1.74
#麝香壮骨膏(微孔型)	甲类OTC	湖北康源药业有限公司	¥ 418.80	¥ 158.40	0	¥ 260.40
华佗膏	甲类OTC	湖北科田药业有限公司	¥ 1,569.74	¥ 761.60	0	¥ 808.14
牛黄上清丸	甲类OTC	药都制药集团股份有限公司	¥ 115.44	¥ 85.47	0	¥ 29.97
#复方醋酸地塞米松乳膏	甲类OTC	广州白云山制药股份有限公司白云	¥ 24.20	¥ 17.20	-2	¥ 7.00
穿心莲胶囊	甲类OTC	黄山市天目药业有限公司	¥ 66.90	¥ 46.00	0	¥ 20.90
筋骨草胶囊	甲类OTC	黄山市天目药业有限公司	¥ 35.80	¥ 35.80	0	¥ -
醋酸曲安西龙尿素乳膏	甲类OTC	山东鲁抗辰欣药业有限公司	¥ 35.00	¥ 24.00	0	¥ 11.00
脑立清丸	甲类OTC	山东东阿阿胶集团临清华威药业有	¥ 5.60	¥ 4.08	0	¥ 1.52
维C银翘片	甲类OTC	佛山德众药业有限公司	¥ 127.45	¥ 121.15	0	¥ 6.30
藿香正气水	甲类OTC	药都制药集团股份有限公司	¥ 758.33	¥ 567.21	0	¥ 191.12
胃康灵胶囊	甲类OTC	江西红星药业有限公司	¥ 50.00	¥ 45.00	0	¥ 5.00
#六神丸	甲类OTC	雷允上药业有限公司	¥ 481.24	¥ 563.70	0	¥ -82.46
#小儿咳喘灵颗粒	甲类OTC	江西药都仁和制药有限公司	¥ 27.20	¥ 6.80	0	¥ 20.40
乌鸡白凤丸	甲类OTC	药都制药集团股份有限公司	¥ 17.60	¥ 14.70	0	¥ 2.90

图 4－50　设置高级筛选后的效果

3. 分类汇总

在“分类汇总”工作表中，利用分类汇总功能，根据处方类别的不同，汇总出其销售利润总和。

（1）双击打开“某药店年销售汇总表.xlsx”工作簿，单击“分类汇总”工作表，单击“处方类别”中的任意单元格，在“数据”选项卡中单击“升序”按钮。

（2）单击“数据”选项卡上“分级显示”组中的“分类汇总”按钮，如图 4－51 所示，打开“分类汇总”对话框。

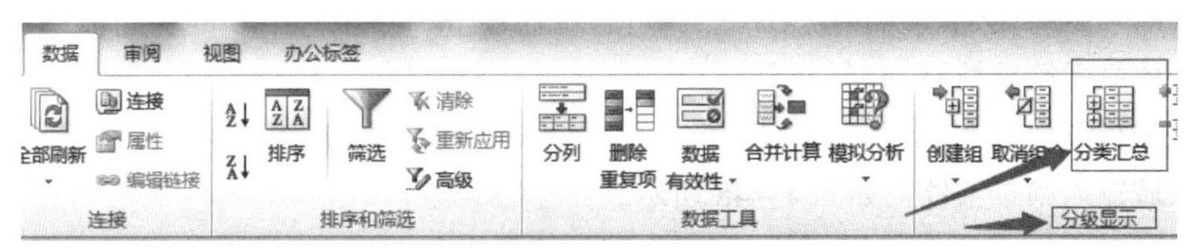

图 4 – 51　单击“分类汇总”按钮

（3）在“分类汇总”对话框中，设置“分类字段”为处方类别，“汇总方式”为求和，“选定汇总项”为销售利润，如图 4 – 52 所示。

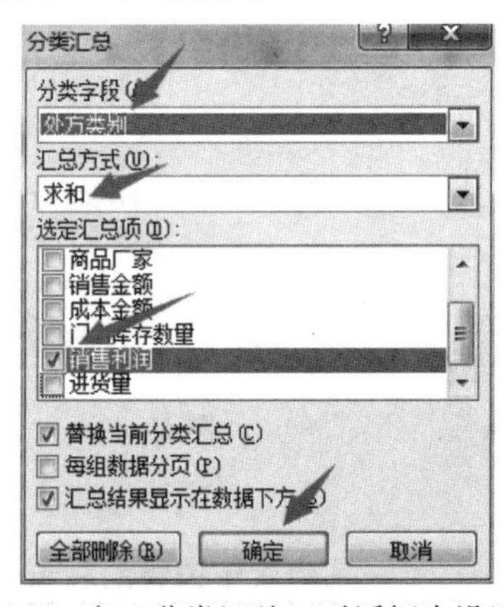

图 4 – 52　在“分类汇总”对话框中设置条件

完成分类汇总后，单击左上角的 2 按钮，最终效果如图 4 – 53 所示。

某药店年销售汇总表

商品名称	处方类别	商品厂家	销售金额	成本金额	门店库存数量	销售利润
	保健食品 汇总					¥ 136,349.83
	单轨制处方药 汇总					¥ 1,815,881.67
	甲类OTC 汇总					¥ 4,392,403.03
	三类器械 汇总					¥ 368.61
	食品 汇总					¥ 2,094.69
	双轨制处方药 汇总					¥ 5,311,961.78
	一类器械 汇总					¥ 485.74
	乙类OTC 汇总					¥ 3,229,978.03
	总计					¥ 14,889,523.39

图 4 – 53　分类汇总后的效果

4. 数据透视表

在“数据透视表”工作表中建立数据透视表，统计出每个厂家各“单轨制处方药”与“双轨制处方药”的销售利润总和，要求行字段为“处方类别”，列字段为“商品厂家”。

（1）双击打开“某药店年销售汇总表 . xlsx”，单击“数据透视表”工作表。

（2）鼠标拖拽选取除标题外的所有数据，单击“插入”选项卡“表格”组中的“数据透视表”按钮，在下拉列表中选择“数据透视表”，如图 4 – 54 所示。

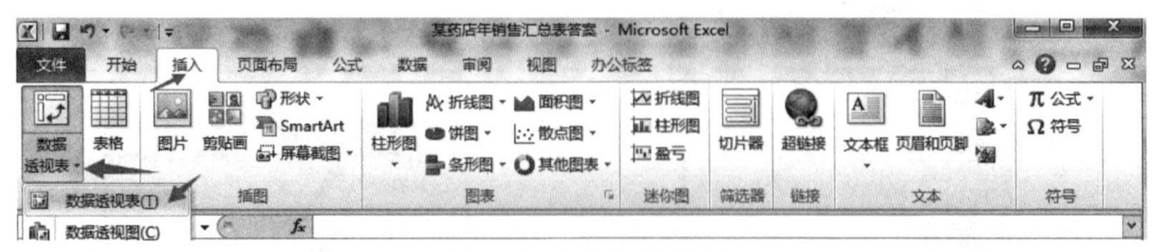
图 4－54　创建数据透视表

打开“创建数据透视表”对话框，“表/区域”编辑框中自动显示已选取的工作表名称和单元格区域的引用，“选择放置数据透视表的位置”为“新工作表”，如图 4－55 所示。

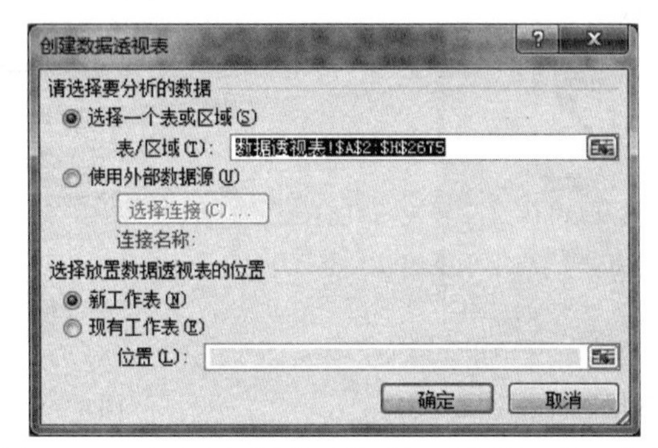

图 4－55　在“创建数据透视表”对话框中设置条件

（3）在新工作表中，右侧显示“数据透视表字段列表”，如图 4－56 所示。

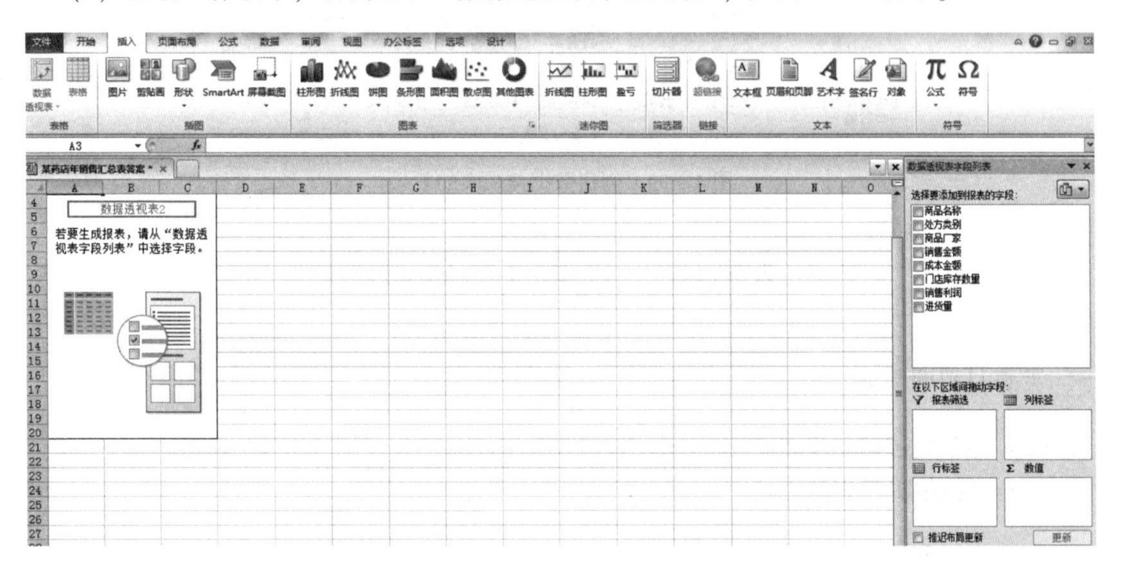
图 4－56　右侧显示“数据透视表字段列表”

（4）在“数据透视表字段列表”中，鼠标左键拖拽“处方类别”到“行标签”、“商品厂家”到“列标签”、“销售利润”到 Σ 数值，如图 4－57 所示。

（5）单击行标签右边的下拉按钮，打开如图 4－58 所示列表框，选取“单轨制处方药”和“双轨制处方药”。

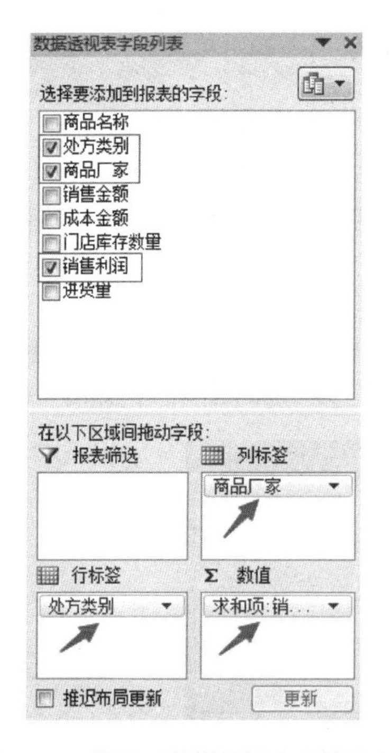

图 4－57　设置“数据透视表字段列表”

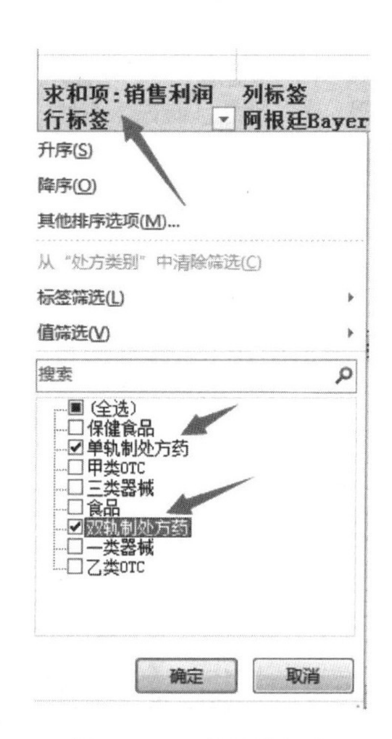

图 4－58　筛选行标签

最终效果如图 4－59 所示。

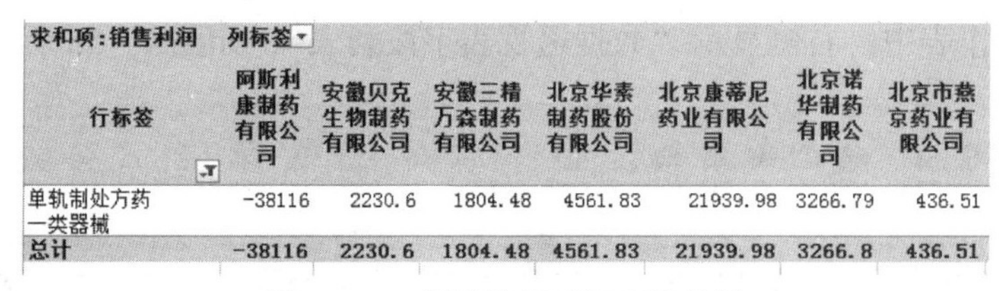

求和项:销售利润	列标签						
行标签	阿斯利康制药有限公司	安徽贝克生物制药有限公司	安徽三精万森制药有限公司	北京华素制药股份有限公司	北京康蒂尼药业有限公司	北京诺华制药有限公司	北京市燕京药业有限公司
单轨制处方药	-38116	2230.6	1804.48	4561.83	21939.98	3266.79	436.51
一类器械							
总计	-38116	2230.6	1804.48	4561.83	21939.98	3266.8	436.51

图 4－59　创建数据透视表的效果

实训五　创建与编辑图表

一、实训目的和要求

（1）能利用数据创建图表。

（2）掌握编辑图表的方法。

二、实训内容和步骤

1. 创建图表

（1）双击打开“某科技信息有限公司资产负债表 . xlsx”。

（2）鼠标拖拽选取“资产”列中的 A7:A17、A20:A36 单元格区域，以及“期末余额”列中的 C7:C17、C20:C36 单元格区域，如图 4－60 所示。

资产负债表

会企01表

编制单位:某科技信息有限公司　　单位:元

资　产	行次	期末余额	年初余额	负债和所有者权益(或股东权益)	行次	期末余额	年初余额
流动资产:				流动负债:			
货币资金	1	241,474.86	201,704.86	短期借款	32	200,000.00	200,000.00
交易性金融资产	2	12,000.00	12,000.00	交易性金融负债	33	50,000.00	50,000.00
应收票据	3	10,000.00	20,000.00	应付票据	34	25,000.00	20,000.00
应收账款	4	345,488.00	156,800.00	应付账款	35	391,832.00	276,850.00
预付款项	5	15,000.00	30,000.00	预收款项	36	30,000.00	30,000.00
应收利息	6	20,000.00	50,000.00	应付职工薪酬	37	8,200.00	8,200.00
应收股利	7	2,000.00	100,000.00	应交税费	38	369.60	-16,800.00
其他应收款	8	50,000.00	3,800.00	应付利息	39	1,093.33	20,000.00
存货	9	550,000.00	300,000.00	应付股利	40	50,000.00	
一年内到期的非流动资产	10			其他应付款	41	2,100.00	2,100.00
其他流动资产	11	56,000.00	20,000.00	一年内到期的非流动负债	42		
流动资产合计	12	1,301,962.86	894,304.86	其他流动负债	43	60,000.00	50,000.00
非流动资产:				流动负债合计	44	818,594.93	640,350.00
可供出售金融资产	13	200,000.00	250,000.00	非流动负债:		1,637,189.86	
持有至到期投资	14		50,000.00	长期借款	45	56,000.00	
长期应收款	15	50,000.00	120,000.00	应付债券	46	100,000.00	100,000.00
长期股权投资	16	100,000.00	50,000.00	长期应付款	47	35,000.00	
投资性房地产	17	150,000.00	100,000.00	专项应付款	48	110,000.00	120,000.00
固定资产	18	550,000.00	500,000.00	预计负债	49		100,000.00
在建工程	19	320,000.00	100,000.00	递延所得税负债	50	60,000.00	
工程物资	20	23,000.00		其他非流动负债	51	100,000.00	
固定资产清理	21	5,000.00	8,000.00	非流动负债合计	52	461,000.00	320,000.00
生产性生物资产	22			负债合计	53	1,279,594.93	960,350.00
油气资产	23	50,000.00	30,000.00	所有者权益(或股东权益):			
无形资产	24	58,500.00	58,500.00	实收资本(或股本)	54	1,473,956.91	887,284.91
开发支出	25	5,000.00		资本公积	55	330,000.00	200,000.00
商誉	26	200,000.00		减:库存股	56		
长期待摊费用	27			盈余公积	57	100,000.00	250,000.00
递延所得税资产	28			未分配利润	58	-112,088.98	-136,830.05
其他非流动资产	29	58,000.00		所有者权益(或股东权益)合计	59	1,791,867.93	1,200,454.86
非流动资产合计	30	1,769,500.00	1,266,500.00				
资产总计	31	3,071,462.86	2,160,804.86	负债和所有者权益(或股东权益)总计	60	3,071,462.86	2,160,804.86

图4－60　在表格中选取数据

(3) 单击“插入”选项卡“图表”组中的“柱形图”按钮，在展开的列表中选择“簇状柱形图”选项，如图4－61所示，完成图表的创建。

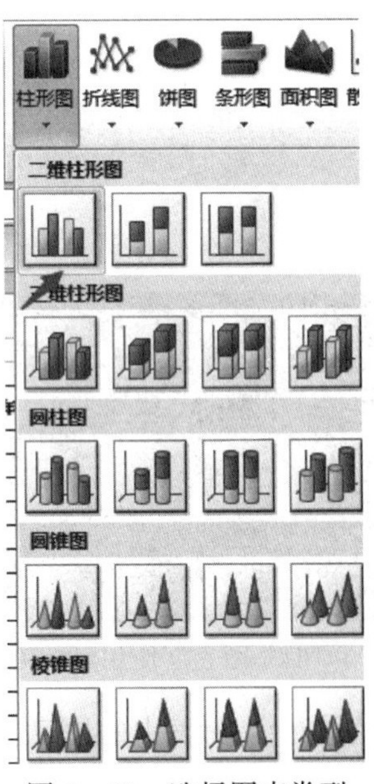

图4－61　选择图表类型

2. 编辑图表

(1) 移动图表。

在“图表工具”中的“设计”选项卡上，单击“位置”组中的“移动图表”按钮，如图4-62所示。

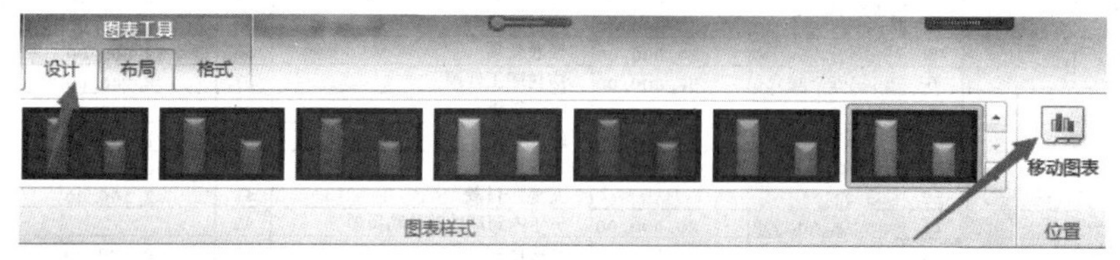

图4-62 移动图表

在打开的“移动图表”对话框中选择“新工作表”单选按钮，在后面的编辑框中输入“公司各资产占比情况图”，如图4-63所示。

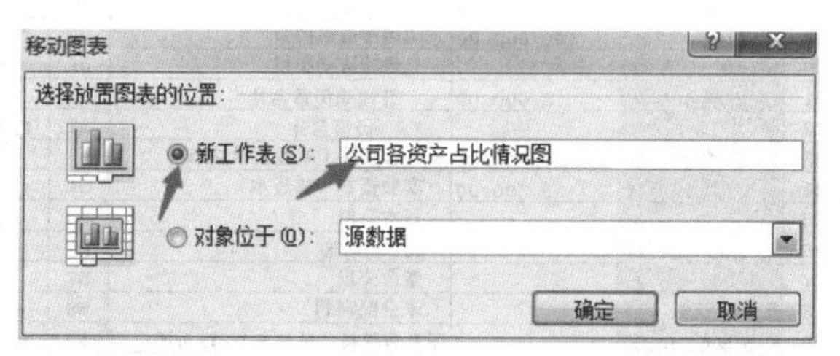

图4-63 在“移动图表”对话框中设置条件

(2) 美化图表。

①打开“公司各资产占比情况图”工作表中的图表，单击“图表区”，单击“图表工具”中的“格式”选项卡中的“形状填充”按钮右侧的下三角按钮，在展开的列表中选择黑色，如图4-64所示。

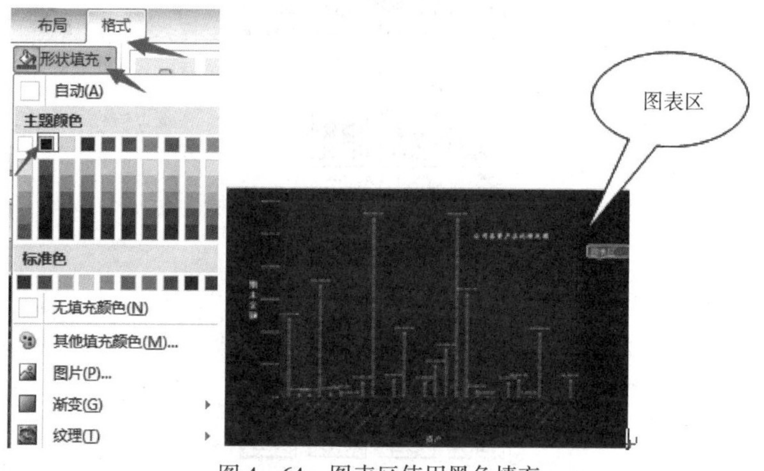

图4-64 图表区使用黑色填充

②打开“公司各资产占比情况图”工作表中的图表，单击“绘图区”，单击“图表工具”中的“格式”选项卡中的“形状填充”按钮右侧的下三角按钮，在展开的列表中选择

“纹理”下的紫色风格，如图 4－65 所示。

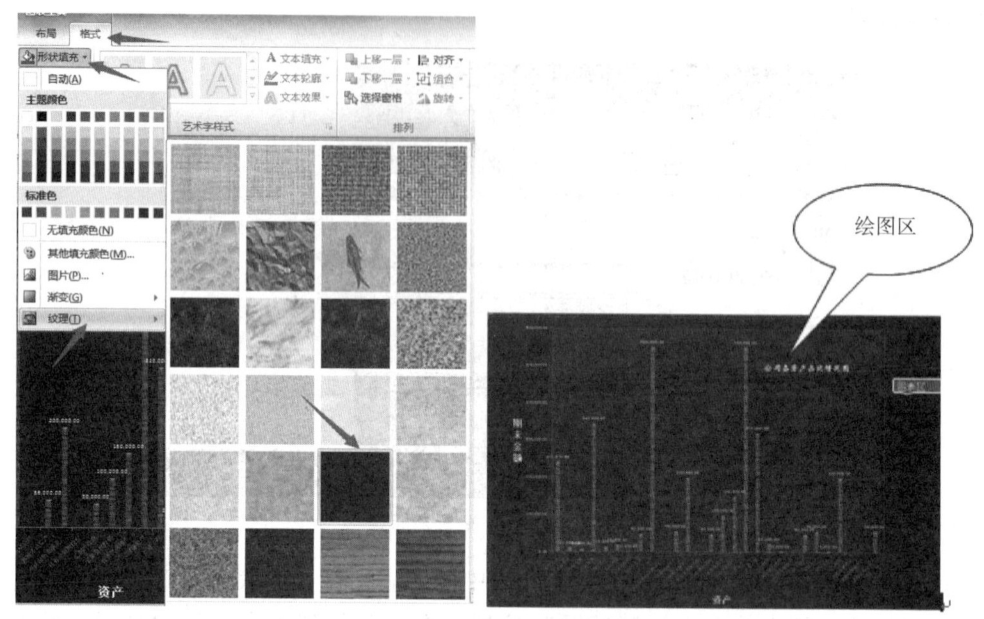

图 4－65　绘图区形状填充

③打开“公司各资产占比情况图”工作表中的图表，单击“系列 1”，在“图表工具”的“格式”选项卡中“形状填充”按钮右侧的下三角按钮，在展开的列表中选择“纹理”下的深色木质风格，如图 4－66 所示。

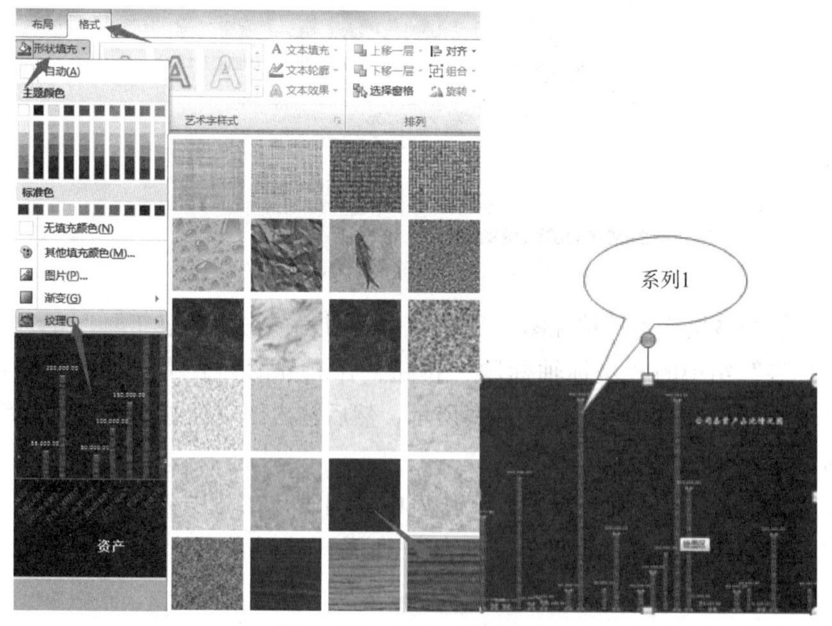

图 4－66　系列 1 形状填充

④打开“公司各资产占比情况图”工作表中的图表，在“图表工具”的“布局”选项卡中单击“标签”组中的“图表标题”按钮，在展开的列表中选择“图表上方”选项，如

图4－67所示，然后输入图表标题“公司各资产占比情况图”，设置字体为楷体，字号为18，字形为加粗。

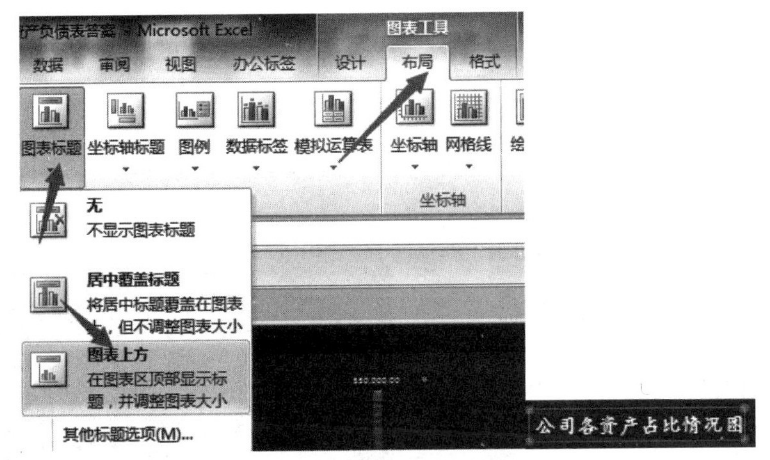

图4－67　设置图表标题

⑤打开“公司各资产占比情况图”工作表中的图表，在“图表工具”的“布局”选项卡中单击“标签”组中的“坐标轴标题”按钮，在展开的列表中选择“主要横坐标轴标题”下的“坐标轴下方标题”选项，如图4－68所示，然后输入图表标题“资产”，设置字体为黑体，字号为18，字形为加粗。

图4－68　设置横坐标标题

⑥打开“公司各资产占比情况图”工作表中的图表，在“图表工具”的“布局”选项卡中单击“标签”组中的“坐标轴标题”按钮，在展开的列表中选择“主要纵坐标轴标题”下的“竖排标题”选项，如图4－69所示，然后输入图表标题“资产”，设置字体为黑体，字号为18，字形为加粗。

⑦打开“公司各资产占比情况图”工作表中的图表，在“图表工具”的“布局”选项卡中单击“标签”组中的“数据标签”按钮，在展开的列表中选择“数据标签外”选项，如图4－70所示。

完成图表插入与编辑后的效果如图4－71所示。

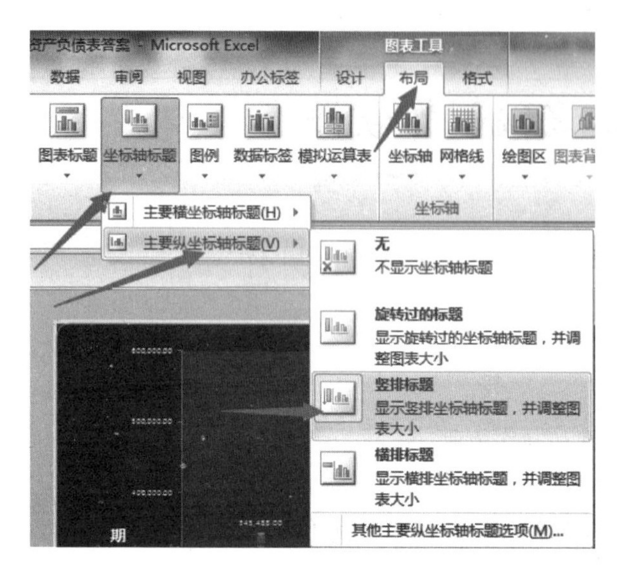

图4－69　设置纵坐标标题

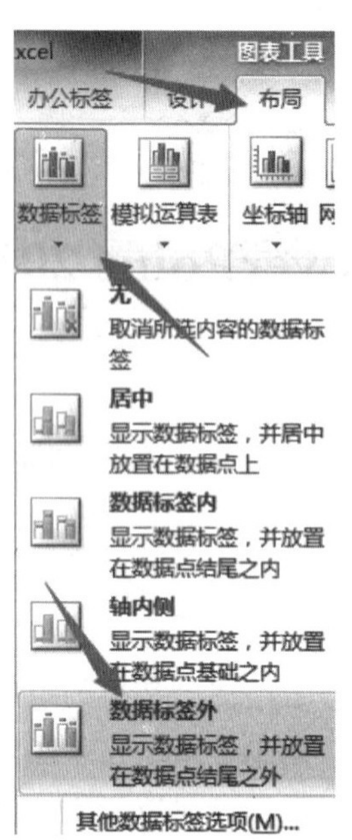

图4－70　设置数据标签

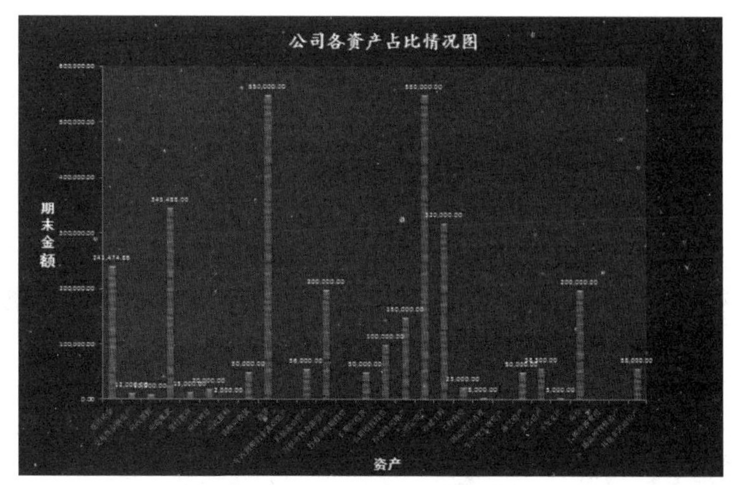

图4－71　设置图表后的效果

第 5 章

PowerPoint 2010 演示文稿制作软件

实训一　人才招聘要点 PPT 制作

一、实训目的和要求

（1）了解演示文稿的组成、设计原则和制作流程。

（2）熟悉 PowerPoint 2010 的工作界面，并了解各界面元素的作用。

（3）掌握新建演示文稿的各种方法，如创建空白演示文稿等。

（4）掌握演示文稿的保存与关闭方法。

（5）掌握在占位符中输入文本的方法。

（6）掌握管理幻灯片的方法，如选择、复制、移动、删除幻灯片，以及更改幻灯片版式等。

二、实训内容和步骤

1. 创建人才招聘要点 PPT

（1）启动 PowerPoint 2010，按 Ctrl + O 组合键打开“打开”对话框，在该对话框中选择素材“人才招聘要点 PPT 模板”文件，单击“打开”按钮将其打开，如图 5 – 1 所示。

图 5 – 1　打开素材模板

（2）单击“文件”选项卡标签，在展开的界面中选择“另存为”项，将演示文稿另存为“人才招聘要点”。

2. 在占位符中输入文本及幻灯片管理

（1）在“幻灯片”窗格中单击第一张幻灯片，然后分别在标题和副标题占位符中输入文本，效果如图5－2所示。

（2）在第二张幻灯片中输入相应的文本，如图5－3所示，文本字体大小根据版面确定。

（3）按Enter键添加一张新幻灯片，输入标题和文本，如图5－4所示。

图5－2　输入标题和副标题文本

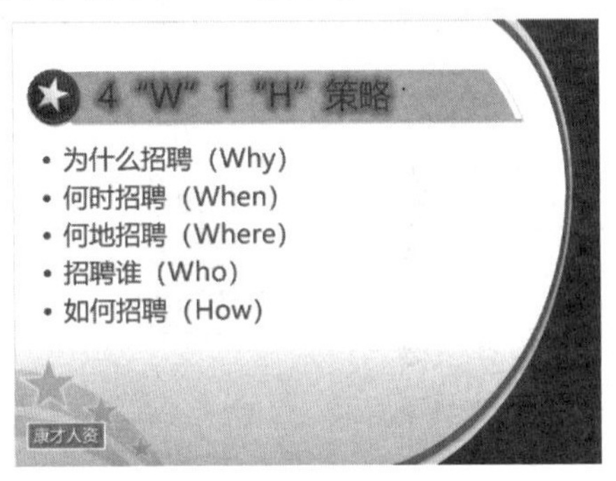

图5－3　第二张幻灯片效果图

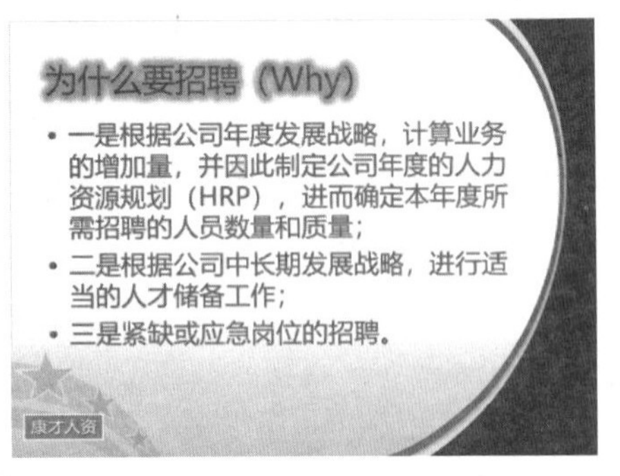

图5－4　第三张幻灯片效果图

（4）在“幻灯片”窗格中右击第三张幻灯片，在弹出的快捷菜单中选择“新建幻灯片”，在当前幻灯片后新建一张幻灯片，如图5－5所示，并在幻灯片中输入相应的文本。

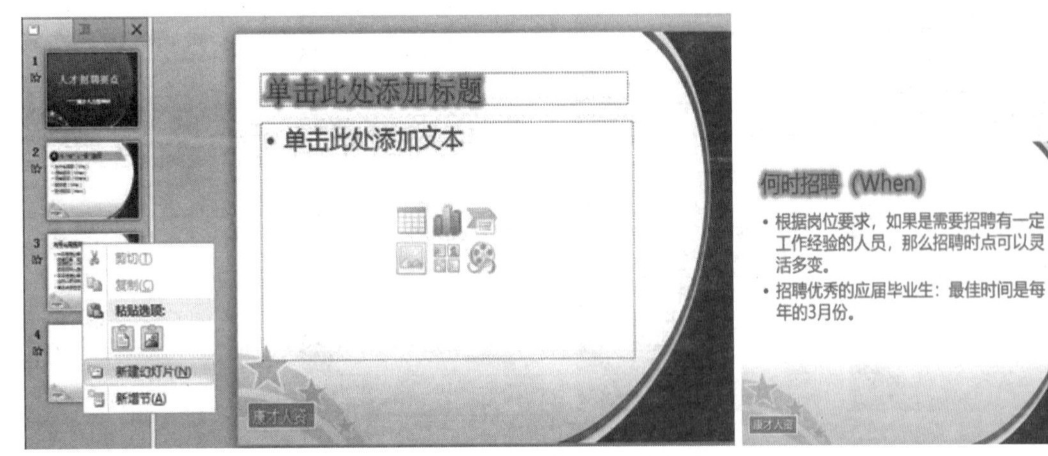

图5－5　新建第四张幻灯片

（5）参考以上方法制作演示文稿的其他三张幻灯片，输入相应的文本，效果如图5－6所示。最后再次保存演示文稿，单击标题栏右侧的“关闭”按钮关闭该演示文稿。

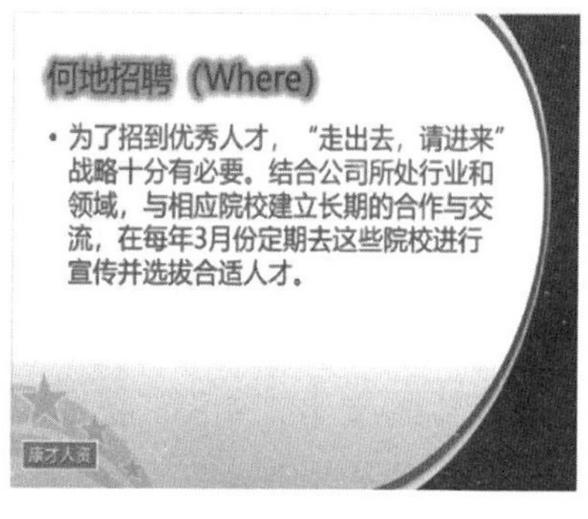

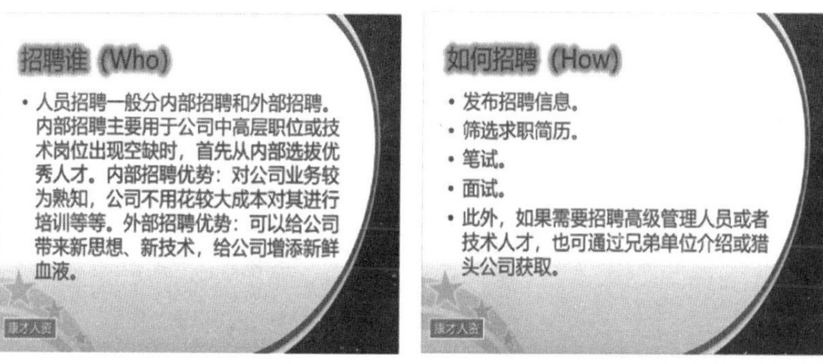

图 5－6　制作其他幻灯片

（6）设置文本字体为宋体，字体颜色为蓝色，字号随版面大小而定。最终效果如图 5－7 所示。

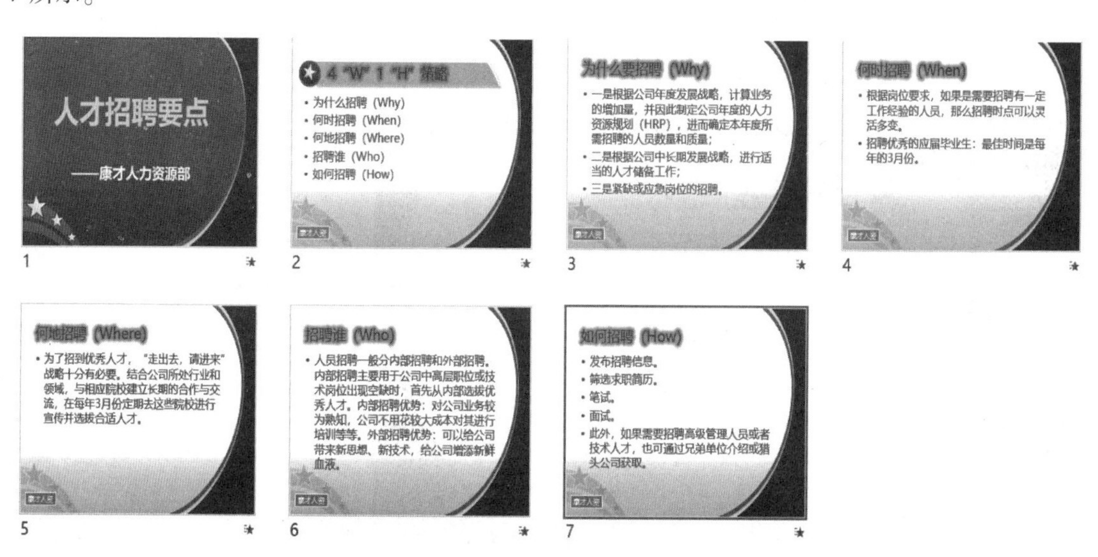

图 5－7　人才招聘要点 PPT 最终效果

实训二　商务风格 PPT 制作

一、实训目的和要求

（1）掌握使用 PowerPoint 2010 软件制作 PPT 的基本方法。

（2）掌握新幻灯片的创建、文本的操作及格式化设置方法。

（3）熟练运用绘图工具绘制 PPT 中的各类几何图形并填充颜色。

二、实训内容与步骤

1. 设置母版，创建商务风格 PPT

（1）新建幻灯片文件，在幻灯片首页的后面新建 3 张幻灯片。

（2）插入第一张版式为“仅标题”的幻灯片、第二张版式为“标题和内容”的幻灯片、第三张版式为垂直排列“标题和内容”的幻灯片、第四张版式为“标题和内容”的幻灯片。

（3）单击第一张幻灯片，单击“视图”→“幻灯片母版”，选择第一个母版，右击“设置背景格式”，从弹出的快捷菜单中选择“图案或者纹理填充”，单击“文件”按钮，之后把素材中的图片 1 设置成所有幻灯片的背景图，如图 5－8 和图 5－9 所示。

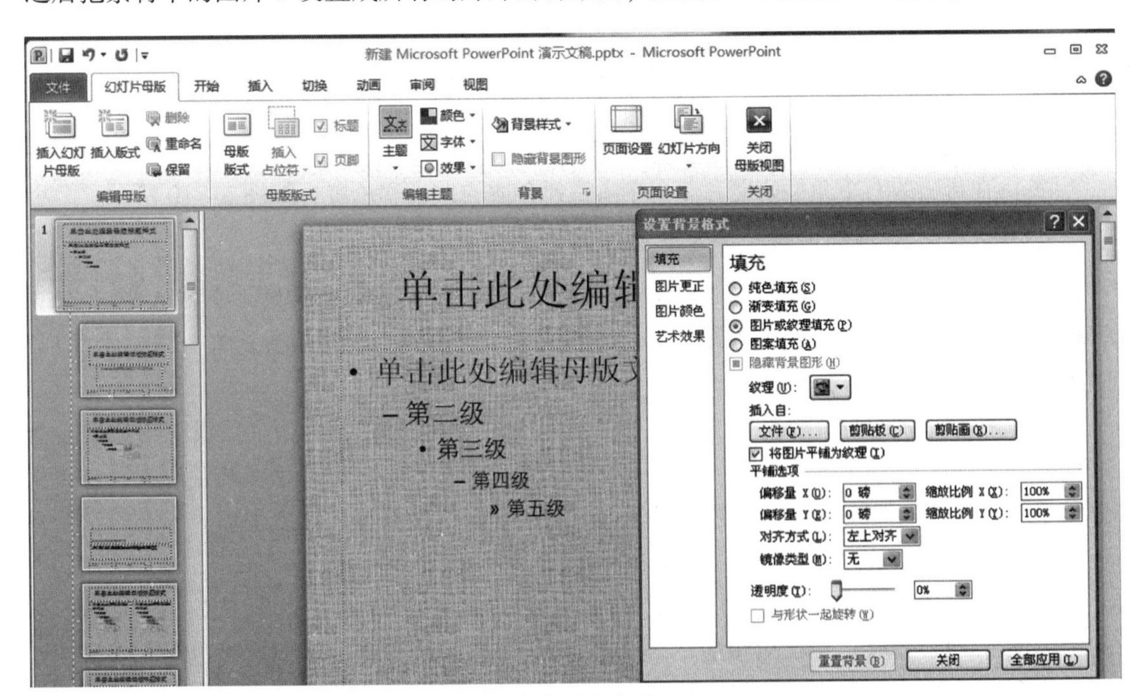

图 5－8　新建幻灯片（1）

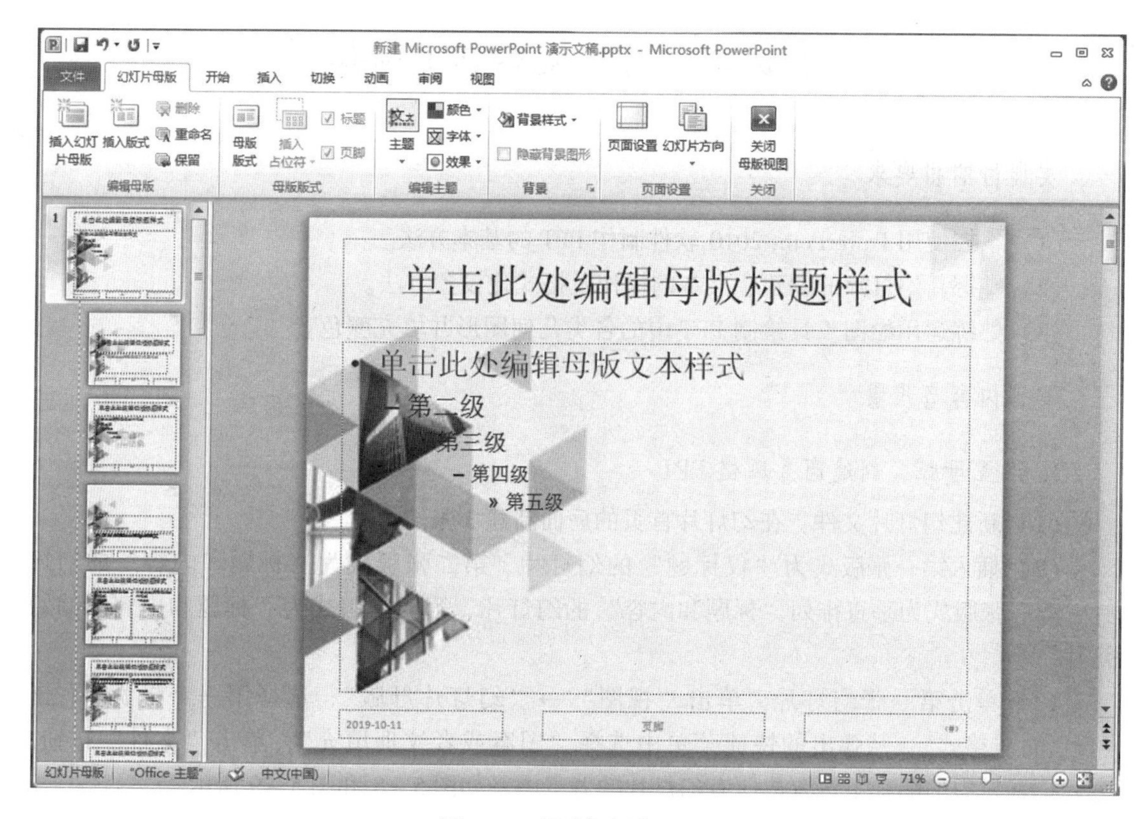

图 5－9　新建幻灯片（2）

（4）将母版标题格式设为“黑体，36 号，加粗”。

（5）设置文本字体为宋体，字号随版面而定。

（6）在母版的右下角插入图片 2，并调整到合适的大小和位置，如图 5－10 所示。

2. 插入文字和自选图形，并对其文字与自选图形进行格式处理

（1）关闭母版视图，进入普通视图。在第一张幻灯片中插入自选图形，输入相应文本，字体为宋体，字号为 32，颜色为黑色，文本内容为“专业名称”“专业介绍”“主干课程”“培养目标”。

（2）在第二张幻灯片中输入文本，文本内容为“专业介绍：本专业是我院为适应金融综合经营发展趋势而开办的重点专业，至今已培养了上百名金融保险企业高管，拥有省级优秀实习实训基地，保险学概论、财产保险等国家和省级精品课程，形成了以教学和教学管理经验丰富的金融保险学专家为引领的金融保险教学团队。”

（3）在第三张幻灯片上绘制图形。单击“格式”→“其他主题填充”，设置图形样式，如图 5－11 所示，并添加相应的文本，文本内容为：“主干课程”“电子信息课程”“经济管理”“机械与电子”“人文社会科学”“软件工程”。

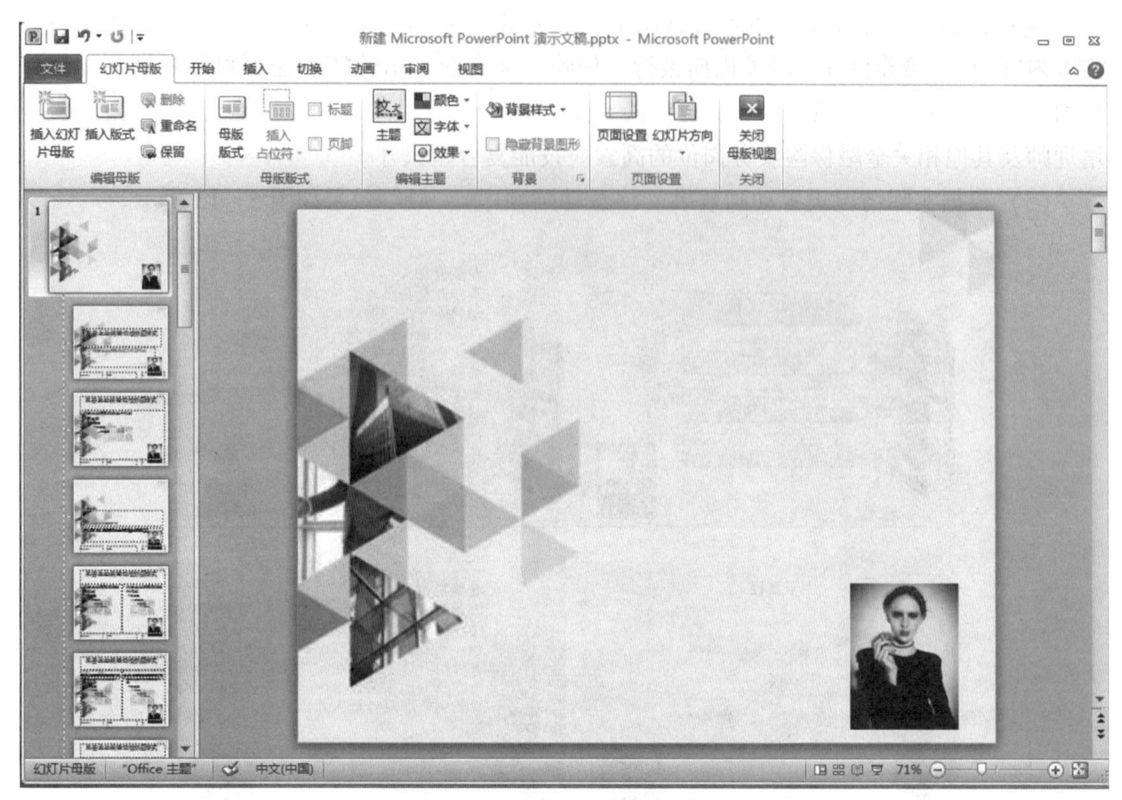

图 5-10　调整图片至合适位置

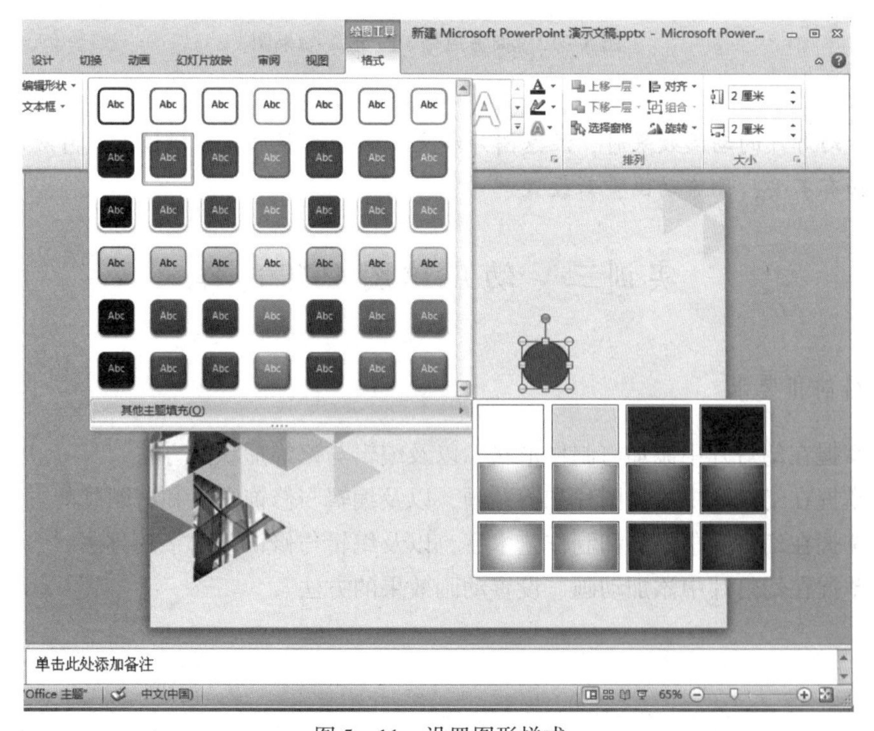

图 5-11　设置图形样式

（4）在第四张幻灯片中插入自选图形，输入相应文本，正文字体为宋体，字号为22。文本内容为："培养目标：培养面向银行、保险、证券业，培养能胜任理财规划顾问、理财规划师、员工福利计划及管理、银行保险、金融保险企业风险管理、保险经纪、保险公估、培训师及其他相关金融保险实务岗位的高素质技能复合型人才。"

（5）根据实际情况设置动画效果（注意动画顺序），最终效果如图5－12所示。

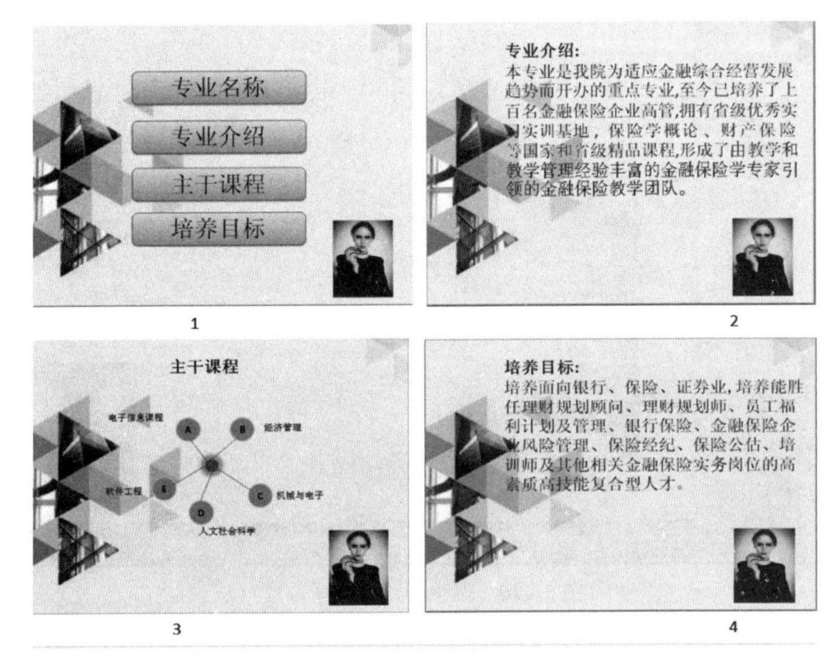

图5－12　商务风格PPT最终效果图

❖ **提示：**

在设计幻灯片的动画效果时，注意图片和文本的动画顺序，并通过幻灯片放映来查看播放效果，如有不妥，删除动画重新设置。

实训三　幼儿识图PPT制作

一、实训目的和要求

（1）掌握在幻灯片中添加与制作形状，以及编辑与修饰形状的方法。

（2）掌握在幻灯片中添加图片和剪贴画，以及编辑与修饰图片和剪贴画的方法。

（3）掌握在幻灯片中添加和制作艺术字，以及编辑与修饰艺术字的方法。

（4）掌握在幻灯片中添加动画、设置动画效果的方法。

二、实训内容与步骤

1. 新建文件，添加、制作、编辑形状

（1）在桌面空白处右击，选择“新建”命令，新建 Microsoft PowerPoint 演示文稿，并重命名为“幼儿识图 . pptx”。

（2）打开“幼儿识图 . pptx”，插入第 1 张版式为“仅标题”的幻灯片。标题为艺术字“幼儿识图”，副标题为“主讲人：王老师”，如图 5－13 所示。

图 5－13　插入第一张幻灯片

（3）新建第二张幻灯片，单击“插入”选项卡，在“形状”下拉列表中选择正方形，并填充蓝色；再在该列表中选择“渐变”选项，在弹出的子列表中选择一种渐变类型，效果如图 5－14 和图 5－15 所示。

❖ **提示：**

在进行形状填充时，除了可以进行渐变填充，还可以进行图片或纹理填充，如图 5－15 所示。

（4）用同样的方法绘制其他形状，分别选中椭圆、心形、立方体、箭头和五角星，单击“形状样式”组中的“其他”按钮，在展开的列表中为形状设置系统内置的样式，如图 5－16 所示。

（5）右击正方形，从弹出的快捷菜单中选择“编辑文字”，然后在图形中输入“正方形”，并设置字体为华文琥珀，字号为 24，字体颜色为白色；用同样的方法在其他图形内输入相应的文字并设置格式。效果如图 5－17 所示。

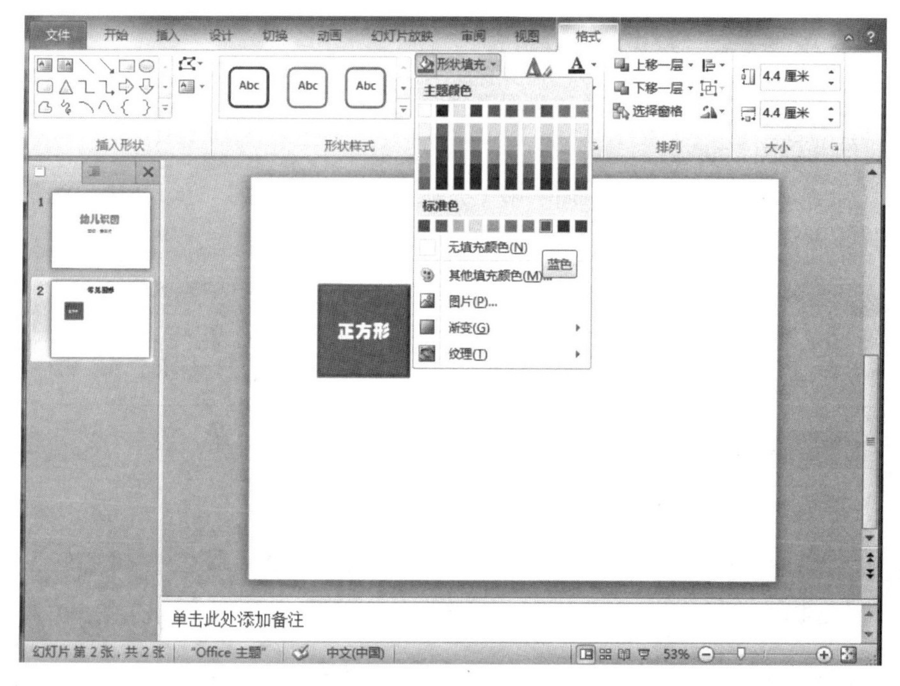

图 5－14　绘制正方形并填充颜色

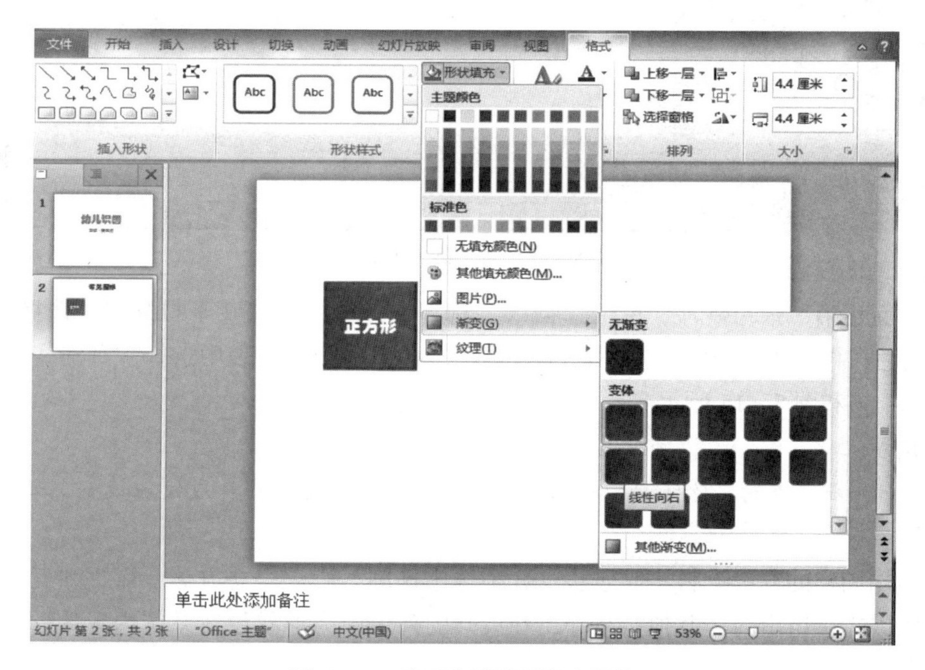

图 5－15　为正方形设置渐变效果

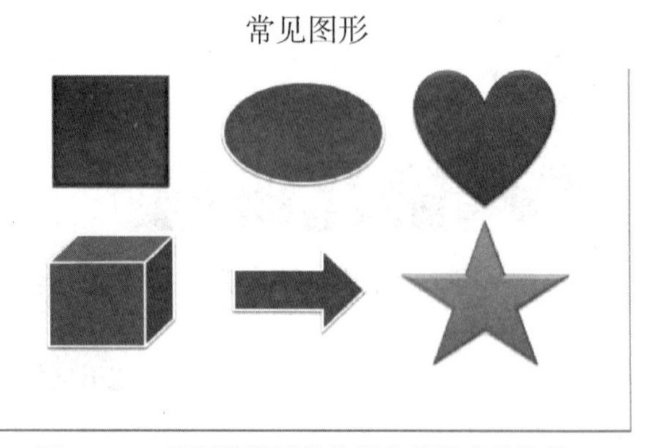

图5－16　绘画并设置其他形状的样式及效果

图5－17　为图形添加文字并设置文字效果

（6）选中所有图形，单击鼠标右键，从弹出的快捷菜单中选择“组合”→“组合”，将所有形状组合。

2. 插入图片、艺术字

（1）单击第一张幻灯片，插入图片1和图片2。单击插入的图片，适当等比例缩小，并移动到合适的位置，如图5－18所示。

（2）选中左上角的图片，单击“图片工具格式”选项卡“图片样式”组中的“其他”按钮，在展开的样式列表中选择“映像右透视”样式，用同样的方法为右下角的图片应用“棱台透视”样式，效果如图5－19所示。

图5－18　插入图片

图5－19　设置图片样式

（3）在第二张幻灯片之后新建一张版式为“仅标题”的幻灯片，输入标题“动物图形”，然后插入小狗图片，调整图片至合适大小。单击“图片工具”的“格式”选项卡“大小”组中“裁剪”按钮下方的三角按钮，在弹出的列表中依次选择“裁剪为形状”→“圆角矩形”，将图片裁剪为圆角矩形。保持图片的选中状态，在“图片工具”的“格式”选项卡的“图片边框”列表中选择橙色，并将边框粗细设为3磅。接着在“图片效果”列表中选择“棱台”→“艺术装饰”效果，在图片上方绘制一个圆角矩形，为其应用合适的内置样式（可根据自己的喜好选择）。然后在其中输入文本“小狗”，设置字体为华文琥珀，字号为24，颜色为白色。效果如图5－20所示。

（4）新建一张版式为“空白”的幻灯片，在其中插入图片“老虎”。将图片裁剪为圆角矩形，设置图片边框和效果，再在图片上方绘制圆角矩形并输入“老虎”文本。参考以上方法，依次新建3张空白版式的幻灯片，插入图片“狮子”“老鹰”和“猩猩”并进行设置（也可以直接为图片应用内置样式），检查一下设置的图片效果，然后利用“图片工具”

图 5－20　绘制圆角矩形并输入文本

的“格式”选项卡中的“调整”按钮对部分图片的亮度和对比度进行调整，以及利用“大小”组中的“裁剪”按钮将某些图片下方的网址裁掉，效果如图 5－21 所示。

图 5－21　制作其他 4 张幻灯片

(5) 在演示文稿的最后添加一张空白幻灯片，添加“卡通3”图片，绘制一个“星与旗帜”类别中的“波形”，在形状内输入文字“小朋友，再见”，设置字体为幼圆，字号为48。在“绘图工具”的“格式”选项卡的“形状样式”组的下拉列表中为形状选择一种样式。在“艺术字样式”组中为文本选择一种艺术字样式，并在“文本填充”下拉列表中设置文本的填充颜色为蓝色。最后在“艺术效果”下拉列表中选择“转换”→“波形1”。效果如图5－22所示。

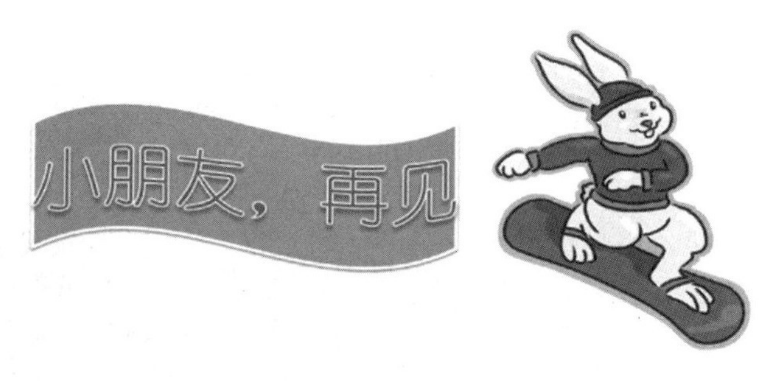

图5－22　设置文本框和艺术字效果

(6) 为幻灯片设置背景格式。在第一张幻灯片编辑区空白处单击鼠标右键，设置背景格式，设置图片6为背景图片，并全部应用，如图5－23所示。

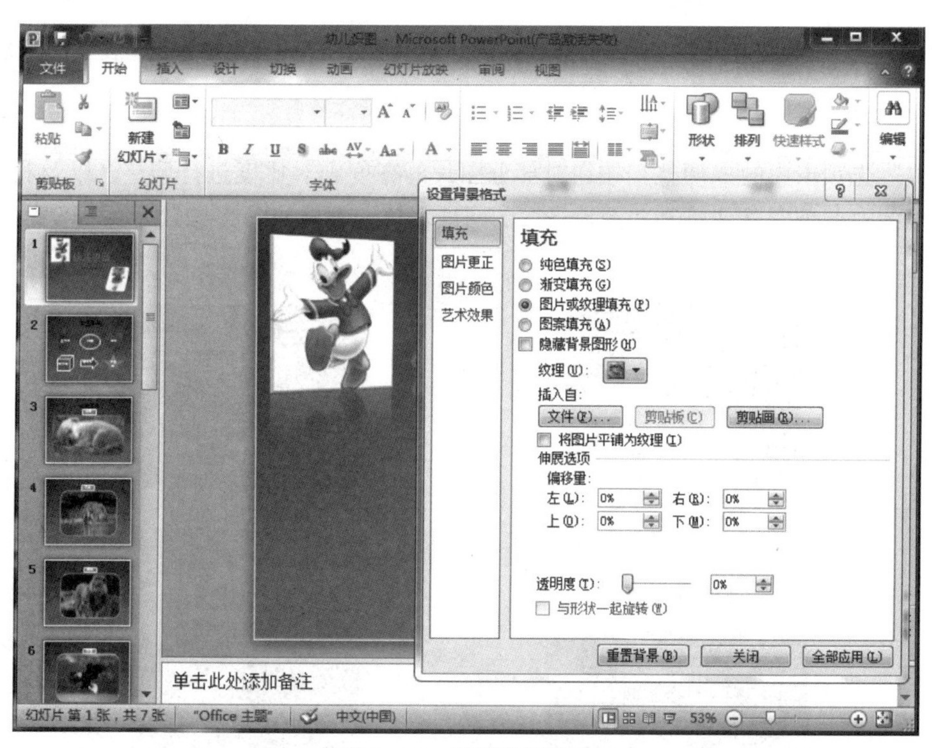

图5－23　设置背景格式

3. 设置动画效果

(1) 单击第一张幻灯片，选中“幼儿识图”文本所在的文本框，在“动画”选项卡“动画”组的列表中选择“进入”动画类型中的“缩放”效果，并设置“开始”方式为

“上一动画之后”，其他参数保持默认设置不变，如图 5 - 24 所示。

图 5 - 24　为标题设置动画效果

（2）继续选中“幼儿识图”文本所在的占位符，在“动画”选项卡的“高级动画”组中单击“添加动画”按钮，从弹出的列表中选择“强调”动画类型中的“波浪形”，如图 5 - 25 所示。

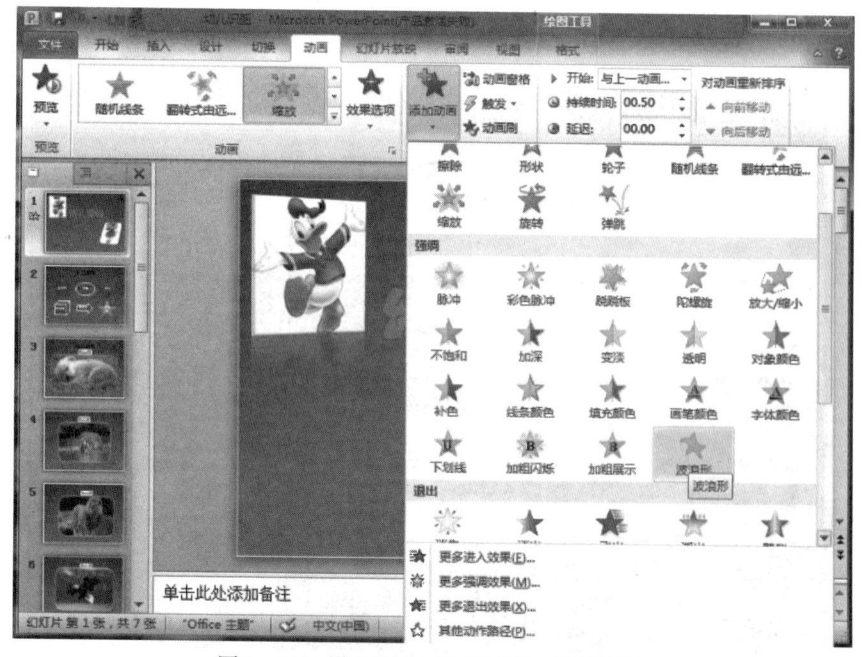

图 5 - 25　设置图片动画效果为“波浪形”

（3）制作路径动画。将“主讲：王老师”文本框移到幻灯片的下方，保持该文本框的选中状态，在“动画”组的列表中选择路径动画类型中的“形状”路径，此时对象将沿着该路径进行移动。向上拖动路径下方的控制点，将路径垂直翻转，然后继续拖动其他控制点来调整路径大小，并将其移动到图 5－26 所示的位置。

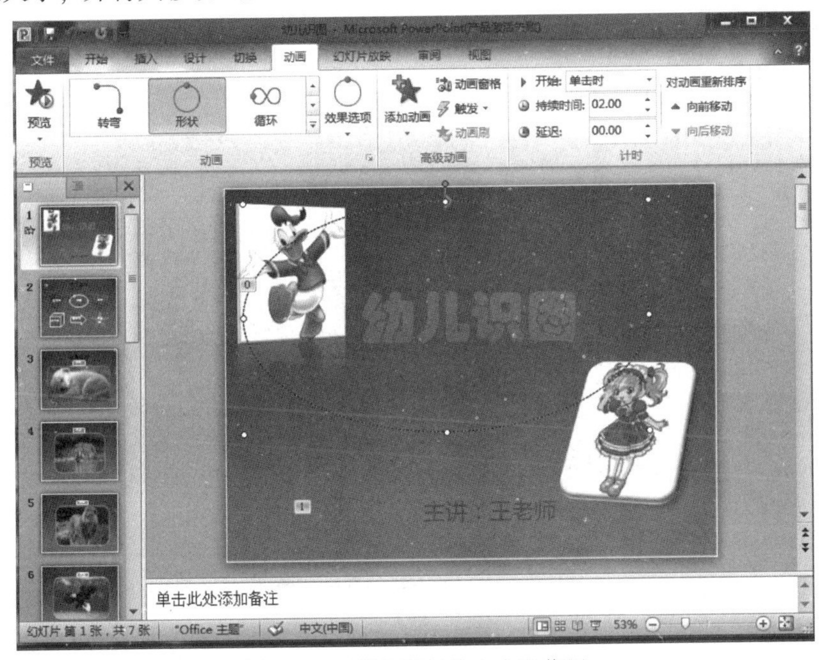

图 5－26　调整路径的大小和位置

（4）右击路径，从弹出的快捷菜单中选择“开放路径”选项，将路径转换为开放路径，如图 5－27 所示；再次右击路径，从弹出的快捷菜单中选择“反转路径方向”选项来改变路径的方向。

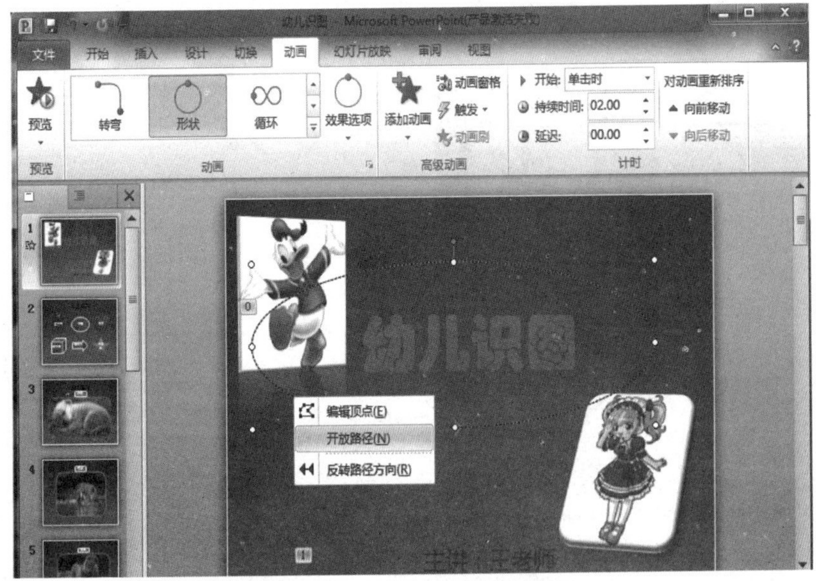

图 5－27　转换路径和路径方向

（5）右击路径，从弹出的快捷菜单中选择“编辑顶点”选项，进入路径顶点编辑状态。然后将鼠标指针移动到箭头上方的顶点上，按住鼠标左键并拖动，将其移动到“主讲：王老师”文本的左侧，如图 5－28 所示。

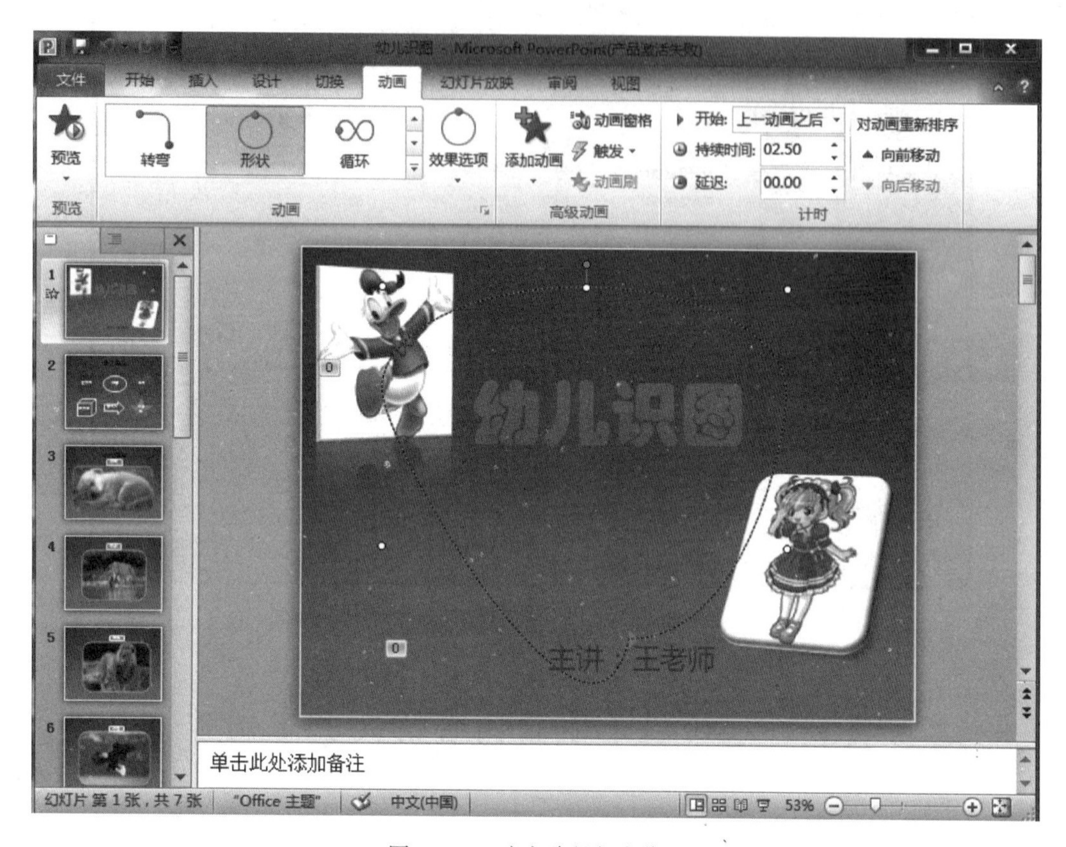

图 5－28　改变路径起点位置

（6）右击路径，从弹出的快捷菜单中选择“退出节点编辑”项，退出路径的节点编辑状态。打开动画窗格，选中添加的路径动画效果，然后在“动画”选项卡的“计时”组中设置动画的开始方式为“上一动画之后”，持续时间为“02. 50”。打开该路径动画的参数设置对话框，在“效果”选项卡中设置“动画文本”为“按字母”，并设置字母之间的延迟百分比为 10，如图 5－29 所示。

（7）选中第一张幻灯片左上角的图片，为图片添加动画效果，然后选中右下角的图片，为图片添加合适的动画。运用同样的方法为其他幻灯片添加动画效果，设置路径动画，设计精美的“幼儿识图. pptx”幻灯片效果，注意动画设置的顺序。单击“幻灯片放映”选项卡，在功能区选择“开始放映幻灯片”中的“从头开始”，自己播放幻灯片，查看最终效果。

（8）保存“幼儿识图. pptx”，并单击标题栏右侧的“关闭”按钮关闭该演示文稿。

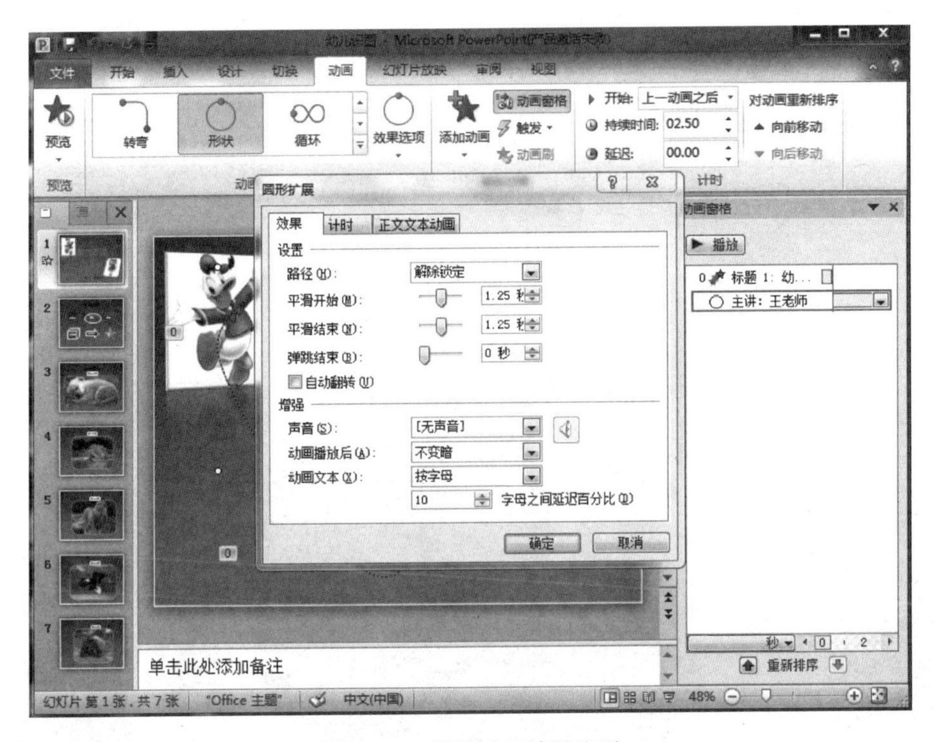

图 5－29　设置动画效果选项

实训四　西门子冰箱销售情况 PPT 制作

一、实训目的和要求

（1）掌握在幻灯片中添加和编辑 SmartArt 图形的方法。

（2）掌握在幻灯片中添加与制作表格、图表，以及编辑和修饰表格、图表的方法。

（3）掌握在幻灯片中插入音频、视频的方法，并为幻灯片制作交互效果。

（4）掌握应用自定义主题、自定义文档主题及编辑自定义主题的方法。

（5）掌握隐藏幻灯片、取消隐藏幻灯片的方法。

二、实训内容与步骤

1. 在素材中输入内容

（1）打开素材“西门子冰箱销售情况 . pptx”演示文稿，在第一张幻灯片的标题占位符中输入文本“2018 年西门子冰箱销售表”，设置字体为华文新魏，字号为 44 号。

（2）在第二张幻灯片的标题占位符中输入文本“目录”，字体为华文新魏，字号为 44 号。内容输入“关于西门子”“西门子公司组织结构图”“2018 年西门子冰箱销售表”“附录”，字体为华文楷体，字号为 24 号。效果如图 5－30 所示。

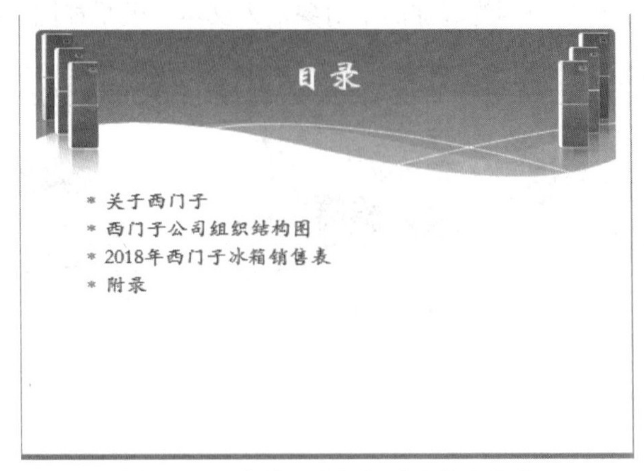

图 5 – 30　在第 2 张幻灯片中输入文本

（3）在第二张幻灯片后新建一张幻灯片，输入对应的标题和文字，并按比例设置相应的字号。文本内容如下：

> **关于西门子**
>
> 西门子是世界上最大的电气和电子公司之一。西门子的中国业务是其亚太地区业务的主要支柱，并且在西门子全球业务中起着越来越举足轻重的作用。西门子的全部业务集团都已经进入中国，活跃在中国的信息与通信、自动化与控制、电力、交通、医疗、照明及家用电器等各个行业中，其核心业务领域是基础设施建设和工业解决方案。
>
> 西门子是中国经济不可分割的一部分，致力于成为中国完成主要基础设施建设和工业现代化的可信赖的合作伙伴，目前中国正在使用的一些最先进的技术都出自西门子。西门子技术能够为中国提供经济、高效和环保的能源；快速、安全、舒适的公交系统；可靠、高速、成本低廉的通信；快速、精确和有效诊断与治疗的医疗设备，以及帮助各个工业领域提高产量、效益和竞争力的自动化解决方案等。

2. 添加和编辑 SmartArt 图形

（1）在第三张幻灯片后新建一张幻灯片，然后单击“插入”选项卡“插图”组中的“SmartArt”按钮，打开“选择 SmartArt 图形”对话框，在对话框左侧选择“层次结构”选项，在右侧选择“组织结构图”，如图 5 – 31 所示。

（2）单击“确定”按钮，将该 SmartArt 图形插入幻灯片中，依次单击 SmartArt 图形中的各个形状，输入图 5 – 32 所示的文本。

（3）选中“总经理”文本所在的形状，单击“SmartArt 工具”的“设计”选项卡“创建图形”组中的“添加形状”按钮，在展开的列表中选择“添加助理”选项，为其添加一个助理，然后输入文本“评审委员会”。分别选择“副总经理”文本所在的形状，在下拉列表中选择“在下方添加形状”，分别为它们添加两个子对象。分别选择“副总经理”文本所在的形状，单击“创建图形”组中的“布局”按钮，从弹出的列表中选择“标准”布局，更改其子对象的布局，然后分别为添加的子对象输入文本，效果如图 5－33 所示。

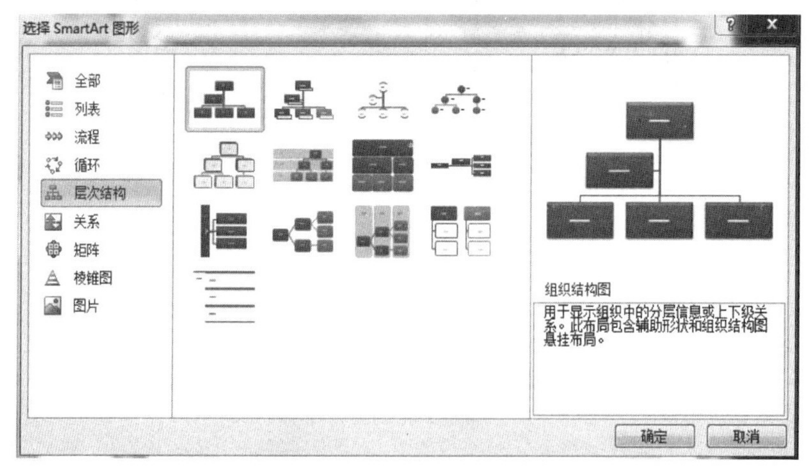

图 5－31　插入 SmartArt 图形

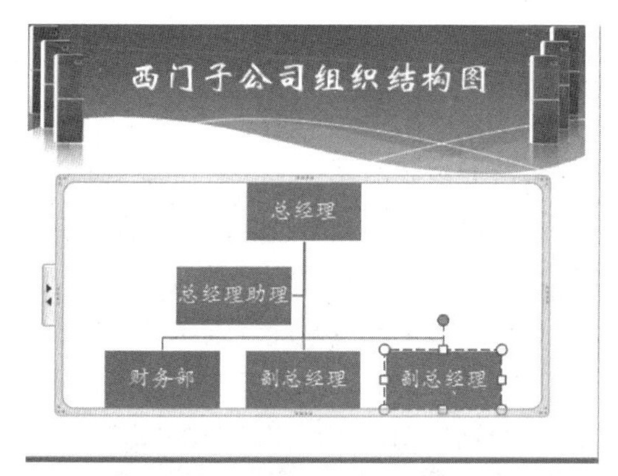

图 5－32　在 SmartArt 图形中输入文本

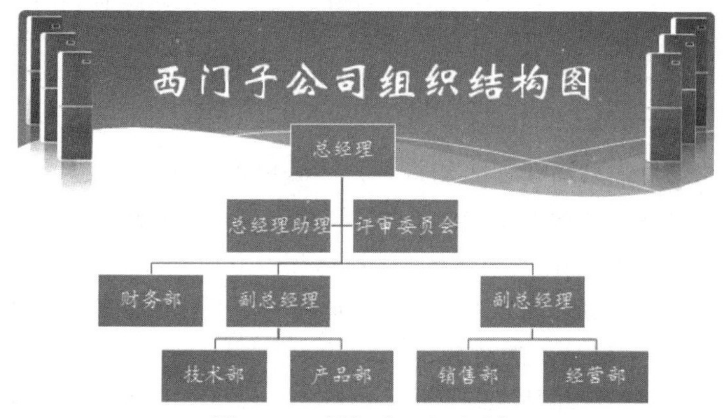

图 5－33　添加助理和子对象

（4）分别选择“总经理助理”和“评审委员会”文本所在的形状，适当调整它们的宽度，使文本在一行显示，然后单击“SmartArt 工具”的“设计”选项卡“SmartArt 样式”组中的“更改颜色”按钮，从弹出的列表中选择“彩色”分类中的任意一种颜色，再在

“样式”列表中选择“优雅”样式，按住 Shift 键依次单击形状，将它们同时选中，然后单击“SmartArt 工具”的“格式”选项卡“形状”组中的“更改形状”按钮。从弹出的列表中选择“圆角矩形”形状，将所选形状更改为该形状。

（5）单击 SmartArt 图形空白处，再单击“SmartArt 工具”的“格式”选项卡“形状样式”组中的“形状填充”按钮，从弹出的列表中选择“纹理”→“水滴填充”。再利用“开始”选项卡的“字体”组设置文本的字体为“华为楷体”，字体颜色为“黑色”，如图 5－34 所示。

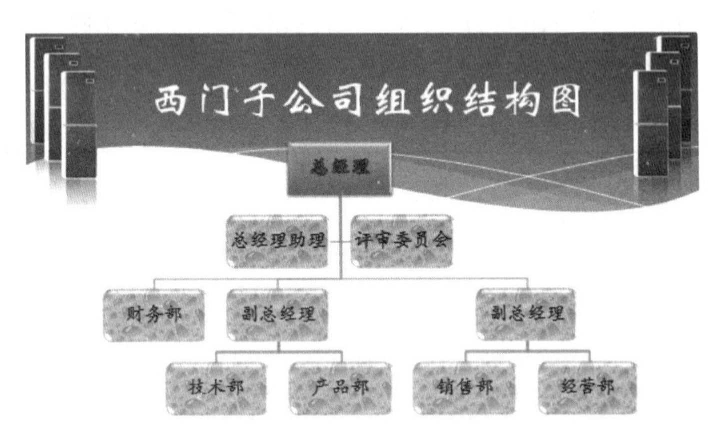

图 5－34　更改形状样式并设置图形和文字效果

3. 插入表格及图表

（1）新建下一张幻灯片，单击“插入”选项卡，在“插入表格”对话框的“行数”和“列数”编辑框中分别输入 3 和 11，设置列数和行数，单击“确定”按钮，即可插入一个 3 行 11 列的表格。此时插入符在表格的第一个单元格中闪烁，输入所需文本并合并单元格。依次在表格各单元格中单击并输入表格的其他内容，合并第一行，设置字体及字号并为单元格填充绿色底纹。用同样的方法为其他单元格填充底纹并设置边框线。效果如图 5－35 所示。

西门子冰箱2018年销售情况表												
月份	1	2	3	4	5	6	7	8	9	10	11	12
销售量	450	500	380	320	310	480	520	640	210	180	150	120

图 5－35　插入表格并美化

（2）新建版式为“标题和内容”的幻灯片，单击“插入”选项卡“插图”组中的“图表”按钮，插入簇状柱形图，然后单击“确定”按钮，此时系统将自动调用 Excel 2010。打开一个预设有表格内容的工作表，并且依据这套样本数据在当前幻灯片中自动生成一个柱形图表。对照表 5－1，依次在数据表的各单元格中单击，将图表数据表中的“类别 1”～“类别 4”更改为“北京”“天津”“上海”“广东”，将“系列 1”～“系列 4”改为“2014”～“2016”，并修改相应的数据。默认情况下，数据表格只有 5 行 4 列的数据，此时需要增加一列表格，并添加数据内容。完成图表数据的输入后，单击 Excel 窗口右上角的“关闭”按钮关闭数据表窗口并回到幻灯片编辑窗口，即可看到创建好的近 4 年西门子冰箱各地销售图表，效果如图 5－36 所示。

表 5－1　近 4 年西门子冰箱各地销量表

	2014	2015	2016	2017
北京	150	180	220	370
天津	110	130	170	420
上海	140	160	190	280
广东	180	150	210	240

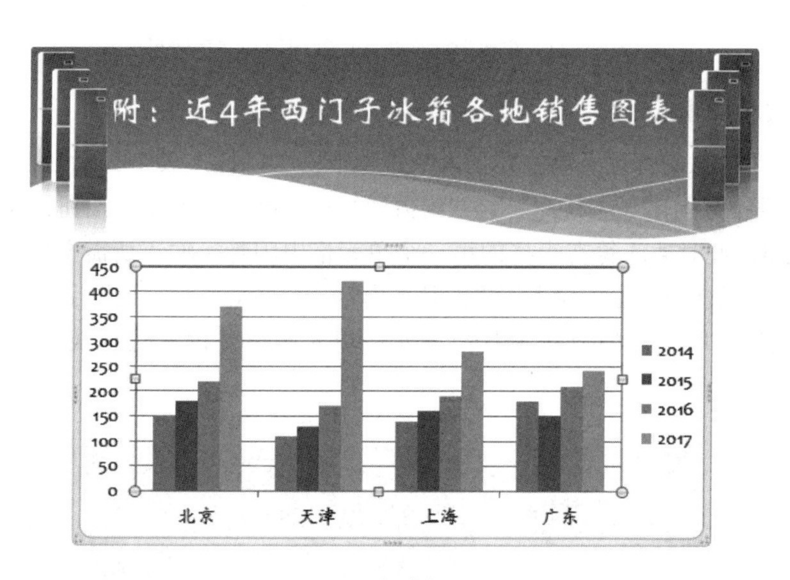

图 5－36　创建好的图表

（3）更改图表类型为条形图，单击“图表工具”的“设计”选项卡“类型”组中的“更改图表类型”按钮，然后在打开的“更改图表类型”对话框中选择“条形图”分类下的“簇状条形图”，单击“确定”按钮回到幻灯片中，可看到图表类型发生了变化。

（4）对数据表中的数据进行编辑修改。此处添加“重庆”地区一行数据，见表 5－2，并更改图表布局为“布局 4”。操作完毕后，关闭数据表回到幻灯片中，可看到编辑数据后的图表效果如图 5－37 所示。

表 5－2　添加重庆一行的数据

	2014	2015	2016	2017
北京	150	180	220	370
天津	110	130	170	420
上海	140	160	190	280
广东	180	150	210	240
重庆	220	190	250	310

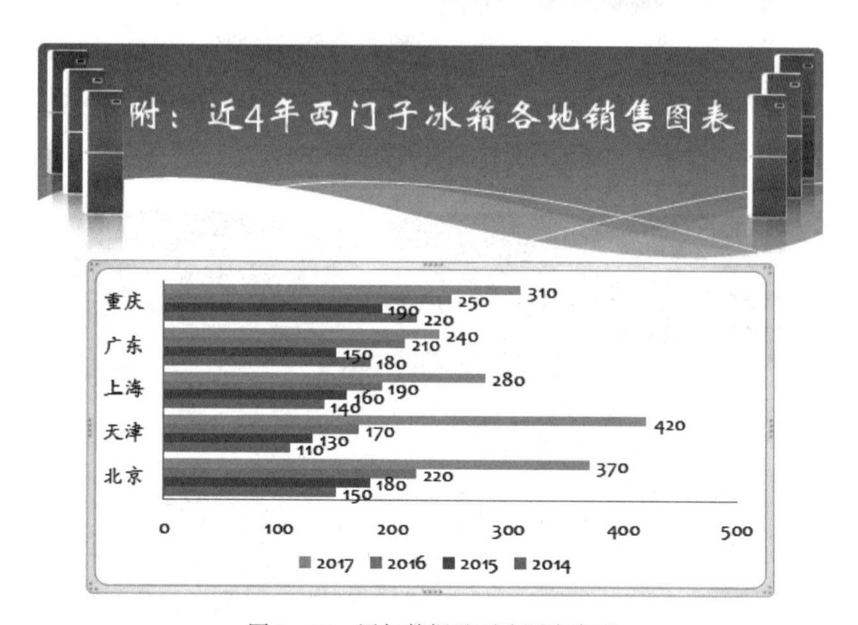

图 5－37　添加数据及更改图表类型

（5）创建图表后，还可以根据需要利用“图表工具布局”选项卡中的工具自定义图表布局，为图表添加或修改图表标题、坐标轴标题和数据标签等，以方便读者理解图表。

选中图表，单击“图表工具”的“布局”选项卡“标签”组中的“图表标题”按钮，在展开的列表中选择标题的放置位置，将自动显示的“图表标题”文本更改为“西门子冰箱各地销售图表”。单击“标签”组中的“坐标轴标题”按钮，在展开的列表中选择“主要横坐轴标题”→“坐标轴下方标题”，然后输入坐标轴标题“销售量”。用同样的方法添加主要纵坐标轴标题“地区”，单击“标签”组中的“图例”按钮，在展开的列表中选择“在右侧显示图例”。效果如图 5－38 所示。

（6）美化图表。单击“形状样式”组中的“形状填充”按钮右侧的三角按钮，在展开的列表中选择“纹理”→“画布”。用同样的方法选中绘图区，然后设置其填充颜色为“黄色”，“形状轮廓”颜色为红色，轮廓粗细为 3 磅。再用同样的方法设置图表标题的填充颜色为“红色”、图例和坐标轴标题的填充颜色为“浅绿”，利用“开始”选项卡“字体”组中的“字号”下拉列表设置各数据系列标签的字号为 18。效果如图 5－39 所示。

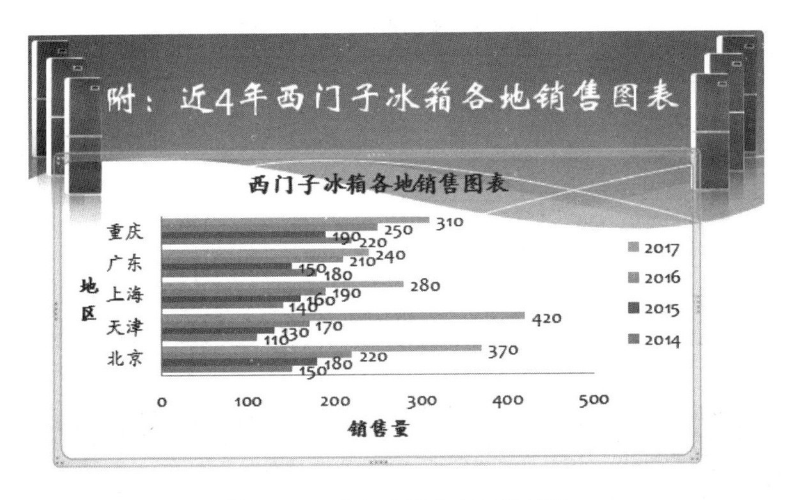

图 5－38　自定义图表布局效果图

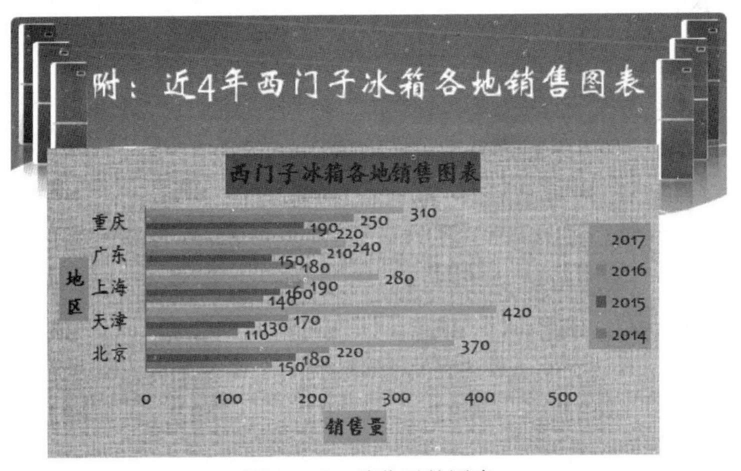

图 5－39　美化后的图表

（7）返回到幻灯片的第一页，单击“插入”选项卡，插入图片 1，调整图片的大小至合适的位置，并插入来自文件的音频文件“爱拼才会赢 . mp3”。此时幻灯片的中心位置添加了一个声音图标，并在声音图标下方显示音频播放控件，可以通过单击其左侧的“播放/暂停”按钮试听声音。若将鼠标指针移到“静音/取消静音”按钮上，可调整播放音量的大小。

若要将刚才插入的声音设置为跨多张幻灯片循环播放，并裁掉声音开头部分，以及放映时隐藏音量图标，可以选中第一张幻灯片中的音频图标，然后在“音频选项”组中单击“开始”按钮右侧的三角按钮，在展开的列表中选择“跨幻灯片播放”，表示声音自动且跨多张幻灯片播放。接着选中“循环播放，直到停止”和“放映时隐藏”复选框，在“编辑”组中单击“剪裁音频”按钮，打开“剪裁音频”对话框，然后向右拖动进度条左侧的绿色滑块，剪裁掉音乐的前奏部分，单击“确定”按钮；拖动右侧的红色滑块，可以剪裁声音的结尾部分，单击“确定”按钮。单击“播放”按钮可试听剪裁效果，如图 5－40 所示。

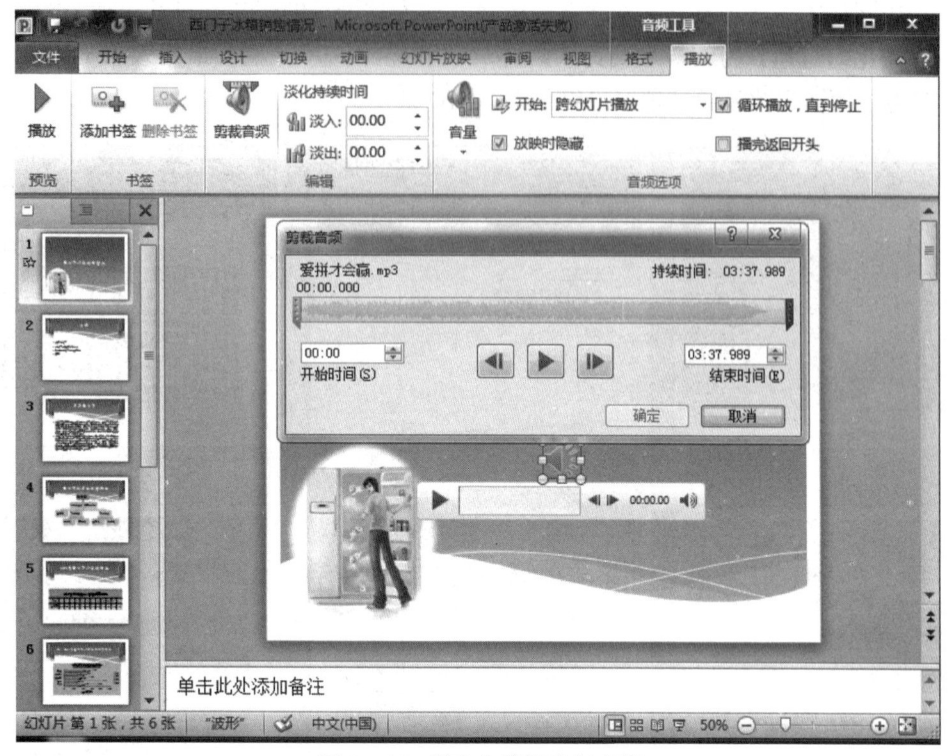

图 5－40 插入和编辑音频文件

4. 插入超链接

（1）设置超链接。切换到第二张幻灯片，选中要设置超链接的对象“关于西门子”文本，单击“插入”选项卡“链接”组中的“超链接”按钮，在打开的“插入超链接”对话框的“链接到”列表中选择要链接到的目标，如单击“本文档中的位置”项，然后在“请选择文档中的位置”列表中单击要链接到的幻灯片，如选择第三张幻灯片“关于西门子”，单击“确定”按钮，如图 5－41 所示。

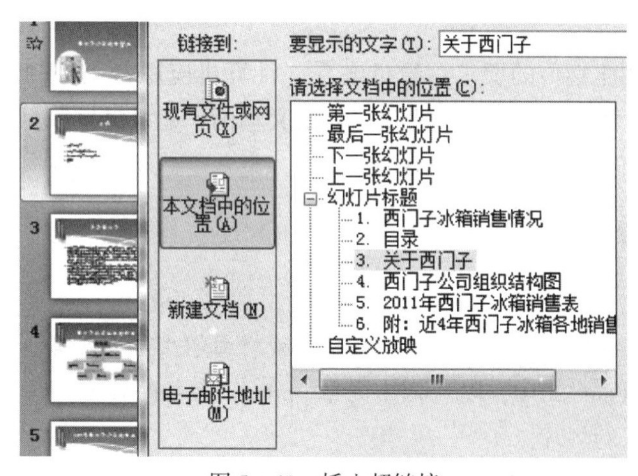

图 5－41 插入超链接

（2）用同样的方法为其他文本设置超链接，插入超链接的图片会自动添加下划线。

（3）美化幻灯片，为幻灯片设置动画并放映和输出演示文稿，最终效果如图 5－42 所示。保存为“西门子冰箱销售情况最终效果 . pptx”。

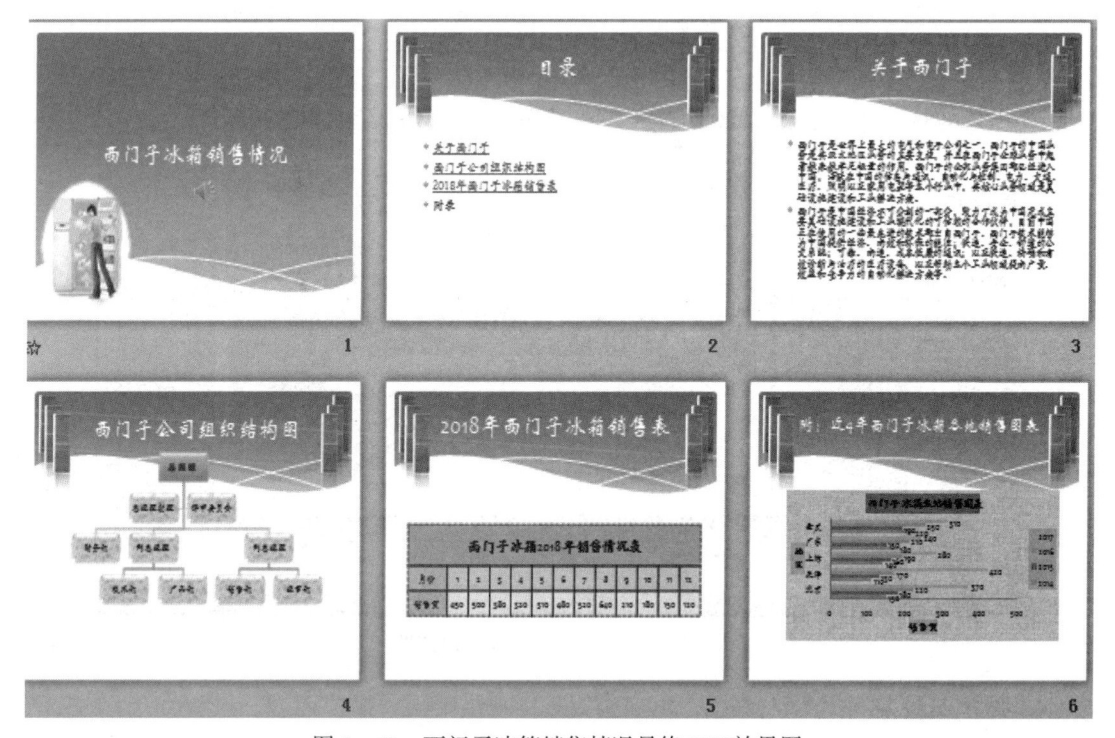

图 5－42　西门子冰箱销售情况最终 PPT 效果图

实训五　机电系（计算机应用专业）招生宣传 PPT 制作

一、实训目的和要求

（1）根据学校招生宣传的要求，给机电系（计算机应用专业）制作一个招生简章的演示文稿，要求涵盖具体的幻灯片的格式化、自定义动画、超级链接等。

（2）掌握 PowerPoint 软件的综合运用技巧。

二、实训内容和步骤

❖ **提示：**

本实训中，教师提供部分文件素材，文字性素材由学生自由发挥。

（1）启动 PowerPoint 2010，以“招生简章 . pptx”为名存盘。

（2）制作第一张幻灯片。

1）新建演示文稿中已经添加了一张幻灯片，该幻灯片默认的版式是“仅标题”。

2）单击“单击此处添加副标题”的虚线方框占位符，按 Delete 键，即可删除副标题。

3）单击“设计”选项卡“主题”组，将鼠标移到每个设计模板上，就会出现相应模板的名称。单击名为“波纹”的设计模板，即可将该模板应用于所有幻灯片上。

4）单击“单击此处添加标题”的文字即可进入输入状态，输入幻灯片的标题文字。选中标题文字，单击“开始”选项卡中的“字体”功能组进行设置，选择“华文行楷”“60”“阴影”，其余采用默认值。

5）单击“插入”选项卡“媒体”功能组中的“文件中的声音”命令，打开“插入音频”对话框。在“插入音频”对话框中选择所需的声音文件“放飞理想. wma”，单击“插入”按钮，随即在当前幻灯片中出现一个“喇叭”图标，然后把“喇叭”图标拖到合适的位置。

（3）制作第二张幻灯片。

1）单击“开始”选项卡“幻灯片”功能组中的“新建幻灯片”的“标题和内容”按钮，插入第二张幻灯片，默认的版式即为“标题和文本”。在各占位符中输入相应标题和文本。

2）选择文本内容，然后单击“开始”选项卡“段落”功能组中的“项目符号”按钮，选择“项目符号和编号”命令，打开“项目符号和编号”对话框。单击“项目符号”选项卡，单击“自定义”按钮，在“符号”对话框的“字体”下拉列表中选择“Wingdings”，并且选择磁盘符号。

（4）插入第三张幻灯片。

1）单击“开始”选项卡“新建幻灯片”下的“标题和内容”。在标题和文本占位符中输入相应内容。

2）在“单击图标添加内容”占位符中单击第二行第一个“插入来自文件的图片”按钮，打开“插入图片”对话框，选择图片文件“校园风景”并单击“插入”按钮将图片插入，然后调整图片的大小。

（5）插入第四张幻灯片，版式设置成“标题和内容”，输入标题文字。

1）在“单击图标添加内容”占位符中单击第二行第二个“插入 SmartArt 图形”按钮，打开“选择 SmartArt 图形”对话框，选择组织结构图，单击“确定”按钮绘制出一个组织结构图，在各文本框中输入相应的文字内容，并设置合适的字体。

2）选中组织结构图，单击“动画”选项卡“高级动画”组中的“添加动画”按钮，在下拉列表中选择“更多进入动画”命令，打开“添加进入效果”对话框，在该对话框中选择“华丽型”的“玩具风车”效果。

3）单击“切换”选项卡，在“切换到此幻灯片”组中选择“切出”效果，速度设置为“慢速型”的“玩具风车”效果。声音设置为“风声”，其余采用默认设置。

（6）插入第五张幻灯片，版式设置成“只有标题”，插入 5 个文本框、5 个圆角矩形标注并设置动画触发器。

1）单击“插入”选项卡中的“文本框”按钮，将鼠标移到幻灯片空白处，拖动鼠标，生成一个文本框，并在其中输入核心专业课程，将文字设置成楷体、加粗、24 号、左对齐，颜色为“按强调文字和超链接配色方案”。用同样的方法生成其他 4 个文本框。调整 5 个文本框的位置。

2）单击“插入”选项卡中的“形状”按钮，在“矩形”类别里面选择“圆角矩形”，将鼠标移到幻灯片空白处，拖动鼠标，生成一个圆角矩形标注，使其与第一个文本框对应。并在其中输入一段文字，将文字设置成华文仿宋、24 号、左对齐，根据自己的喜好设置一种填充颜色。用同样的方法为其他 4 个文本框生成相应的圆角矩形。

3）选中与第一个文本框对应的圆角矩形标注，在“动画”选项卡“动画”组中选择“进入”“轮子”，在“开始”下拉列表框中选择“单击时”，“辐射状”选择“4”，“速度”选择“快速”，双击“动画窗格”中对应的按钮。

①单击“效果”选项卡，在“动画播放后”选项的下拉菜单中选择“下次单击后隐藏”。

②单击“计时”选项卡，再单击“触发器”按钮，选中“单击下列对象时启动效果”单选按钮，并从其后的下拉列表中选择“形状 2”选项（对应于第一个文本框），这样，当单击第一个文本框时，就打开与它相对应的圆角矩形标注，再次单击时，圆角矩形标注则会隐藏。

4）用同样的方法设置与其他 4 个文本框对应的 4 个圆角矩形标注。这样设置就实现了同一个对象需要的时候进入，不需要的时候隐藏。

（7）制作第六张幻灯片，版式设置成“标题和内容”；插入表格，设置单元格填充效果和格式。

（8）制作第七张幻灯片，版式设置成“标题和内容”；插入图表，图表数据为招生人数：计算机应用技术 260，软件技术 120，印刷技术 100，动漫设计与制作 180。

（9）制作第八张幻灯片，设置幻灯片背景颜色为“金色年华”，忽略母版的背景图形；插入艺术字，将艺术字的填充效果设置成“文化艺术节”图片。

（10）幻灯片母版。利用幻灯片母版的功能，将所有幻灯片的标题字体设置成“华文隶书”，字号“40”。

（11）超级链接和动作按钮。将第二张幻灯片的文本与相应的幻灯片建立超级链接，给第二张幻灯片插入一个自定义的动作按钮，链接到最后一张。分别给第三张到第七张幻灯片插入一个链接到第二张幻灯片的自定义动作按钮。

第 6 章 网络基础与应用

实训一　设置无线网络连接

一、实训目的和要求

（1）掌握设置无线网络连接的方法。

（2）了解使用手机热点共享 PC 无线网。

二、实训内容和步骤

1. 设置无线网络连接

（1）单击“开始”菜单，打开“控制面板”。

（2）在“网络和 Internet”模块中选择“查看网络状态和任务”，在打开的“网络和共享中心”窗口中单击“连接到网络”命令，如图 6－1 所示。

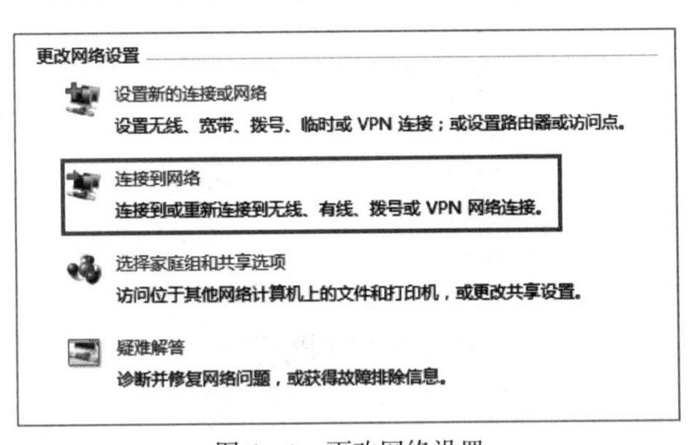

图 6－1　更改网络设置

（3）在打开的面板中选择连接网络所对应的名称。

（4）单击“连接”按钮，在“安全密钥”所对应的输入框中输入密码即可连接网络，如图 6－2 所示。

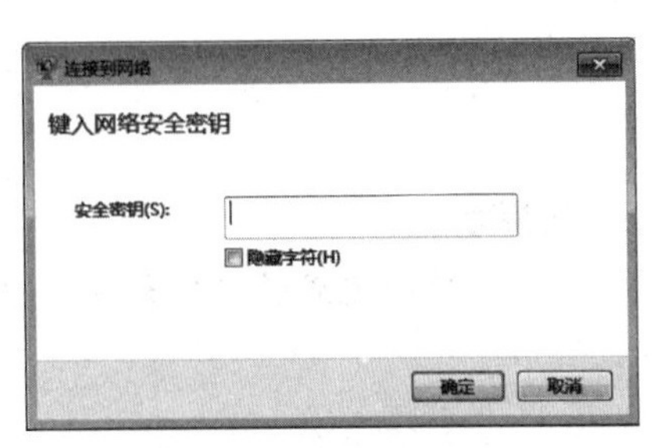

图 6－2　输入连接网络的安全密钥

❖ 提示：

如果在桌面的任务栏处有网络信号按钮，单击该按钮就能弹出网络连接面板，从中选择网络名称进行连网。

2. 手机热点共享 PC 端

（1）打开手机里的“设置”面板，选择“个人热点”一项并将其开启，如图 6－3 所示。设置 WLAN 热点安全性及密码，如图 6－4 所示。

图 6－3　开启个人热点

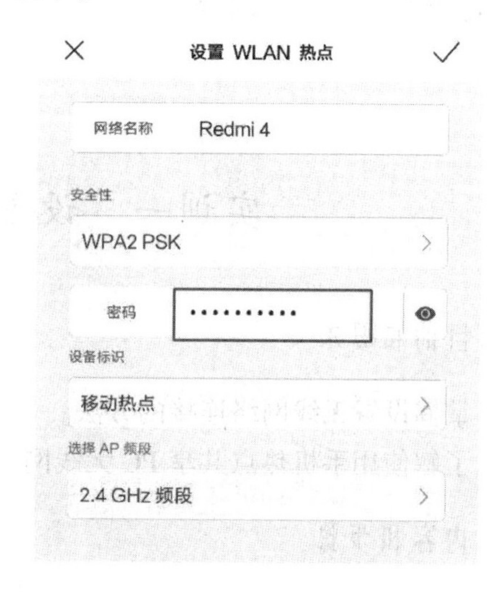

图 6－4　设置 WLAN 热点安全性及密码

（2）打开电脑无线网连接面板，选择手机端所对应的网络名称且单击“连接”按钮，如图 6－5 所示，输入安全密码即可共享手机端的网络。

图 6－5　PC 端连接手机热点

❖ **提示：**

本实训能够完成的前提条件是 PC 端需自带无线网卡或无线网连接设备。

实训二　浏览器的使用

一、实训目的和要求

（1）掌握 IE 浏览器的启动和退出方法。

（2）熟悉 Internet 选项的设置。

（3）掌握在浏览器中下载软件的方法。

二、实训内容和步骤

1. IE 的启动

利用任务栏上的快速启动栏启动 IE 浏览器，并输入学校的网址，如图 6－6 所示。

图 6－6　IE 窗口（云南经贸外事职业学院主页）

2. 设置 Internet 选项

（1）设置 IE 浏览器默认打开的起始主页地址为 http://www.ynjw.net/，设置方法如图 6－7 所示。

图 6－7　设置主页

（2）网页浏览及网上信息的检索。

①利用超链接功能浏览网页。具体操作为：将鼠标指向超链接所在的区域，指针变成手形时，单击即可进入该链接所指向的网页。

②查看最近访问过的站点。具体操作为：方法一，在地址栏中直接输入 URL 地址；方法二，从地址列表框中选择已记录的 URL 地址；方法三，单击工具栏上的"历史"按钮，在弹出的历史栏中查看近期访问过的所有站点。

③建立新标签页。利用 Ctrl + N 组合键可以在已打开的浏览器窗口创建新标签页，如图 6－8 所示。

图 6－8　创建"新标签页"

④利用IE提供的搜索功能在Internet上搜索关键字。例如，使用“百度”搜索引擎查找站点名称中包含“计算机”和“等级考试”的关键字站点。

（3）有效使用收藏夹。

①利用收藏网页地址。进入云南经贸外事职业学院主页，选择收藏菜单中的“添加到收藏夹”命令，然后在“添加收藏”对话框中自动建立名称，此时单击“添加”按钮即可收藏，如图6－9所示。

图6－9　“添加收藏”对话框

②利用“收藏夹”浏览网页。单击工具栏上的“收藏夹”按钮，在左侧展开的收藏夹窗格中选择“云南经贸外事职业学院”即可访问云南经贸外事职业学院的主页。

③关闭浏览器。

3. 下载软件

（1）使用百度（www.baidu.com）等搜索工具搜索关键字“解压软件”。

❖ **提示：**

压缩解压工具软件是把文件或文件夹压缩为一个压缩包，以此来节约磁盘的存储空间，当然，此软件也有解压的功能。

（2）找到该软件的下载地址，下载压缩解压工具（winrar.exe），下载后安装该软件。

实训三　收发电子邮件

一、实训目的和要求

（1）申请电子邮箱，并且熟悉设置电子邮件账号的方法。

（2）熟练掌握电子邮件的撰写、发送、接收、阅读、回复和管理方法。

（3）能够转发电子邮件。

（4）保存电子邮件附件。

二、实训内容和步骤

（1）登录某一站点申请个人免费邮箱，并注册邮箱账号（如163或126邮箱）。

①首先打开百度搜索，在搜索框中输入“163邮箱”，即可在搜索结果中找到官网，单

击“注册邮箱”按钮，如图 6－10 所示。

图 6－10 注册 163 邮箱

②进入注册页面，如图 6－11 所示，在页面中根据提示输入邮件地址、密码，并确认密码。

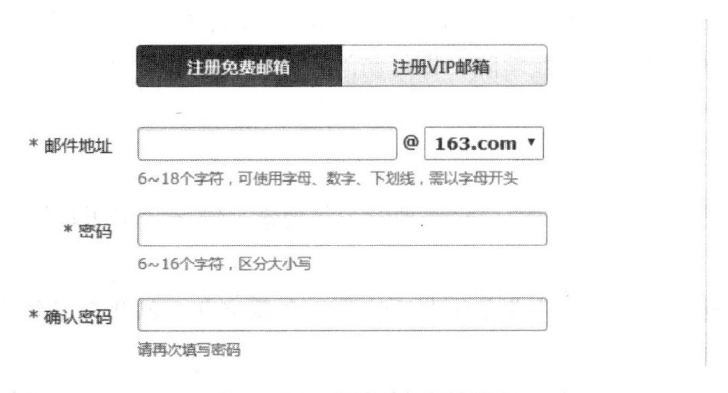

图 6－11 申请 163 邮箱账号

③输入注册的手机号并输入验证码，单击“免费获取验证码”按钮。

④将手机号码输入框内，并勾选同意服务条款，单击“已发送短信验证，立即注册”按钮即可完成免费注册，如图 6－12 所示。

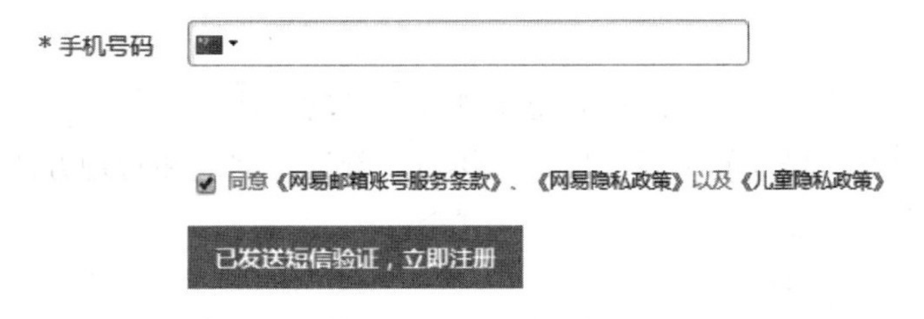

图 6－12 立即注册

⑤注册完成之后，单击“进入邮箱”按钮进入邮箱界面，如图 6－13 所示。

图 6－13　邮箱界面

（2）给老师发送一份电子邮件，同时抄送一份给你的同学。

①邮件内容如图 6－14 所示。

亲爱的老师：

金秋送爽，桂菊飘香。一千多年前的韩愈曾对教师的作用有过经典的诠释：“传道，授业，解惑”，但历经十年寒窗的我们，深知老师的意义决非这简单的六个字。我们不会忘记：进步时，老师的鼓励；退步时，老师的忧虑；欢乐时，老师的微笑；伤心时，老师的抚慰。老师，您不仅是传授知识的长辈，更是伴我们成长的知心朋友。

老师，您不仅是一个平凡的职业人，您更是振兴中华的脊梁。教师被誉为人类灵魂的工程师，而我们的老师又是那样的朴实，“捧着一颗心来，不带半根草去。”一块黑板，三尺讲台，演绎了您一生春蚕般的孜孜不倦，凝结了您多少年的辛勤汗水。岁月沧桑可以改变您的容颜，时光荏苒却难以更改您的忠诚！没有阳光，就没有日子的温暖；没有雨露，就没有五谷的丰登；没有水源，就没有蓬勃的生命；没有老师，就难以铸就我们灿烂的理想……千言万语，说不尽对老师的感激；万语千言，道不完老师的恩德。感恩就要懂得回报：赡养父母，是对养育的反哺；善待朋友，是对友爱的回应；建设家园，是对社会的反馈；扶贫解困，是仁爱的推广。对我们亲爱的老师的回报，最好的方式就是发奋学习，勤奋上进，用出色的成绩和健康的成长，换来老师灿烂的微笑，让老师为我们而骄傲，为我们而自豪！

在这个教师节的早晨，我们全体同学向各位老师，真挚地说一声：“谢谢您，老师！祝您节日快乐！”同时，我还衷心地祝福，祝福我们老师身体健康！家庭幸福！

此致敬礼！
李明
2019 年 9 月 10 日

图 6－14　邮件内容

②在邮件内容末尾插入一张图片，如图 6－15 所示。

图 6－15 插入的图片

③将一首音乐作为附件。

④抄送邮件给你的其他科目的任课老师。

（3）将老师发送的邮件转发给自己的好友。

①打开老师给你发来的邮件，单击邮箱界面的“转发”按钮，如图 6－16 所示。

图 6－16 “转发”按钮

②在“收件人”的后面输入好友的邮箱地址，如图 6－17 所示。然后单击“发送”命令即可。

图 6－17 “发送”按钮

（4）接收并阅读邮件，同时将邮件中的附件保存在 E 盘下。

①在收件箱中单击老师发来的邮件，将鼠标指针移至“附件”下的文件图标处，即可选择“下载”命令对附件进行下载，如图 6－18 所示。

图 6－18 下载附件

②在打开的“新建下载任务”对话框中的“下载到”后面设置存盘位置为E盘，之后单击“下载”按钮即可，如图6－19所示。

图6－19　选择存盘位置

❖ **提示：**

由于各类邮箱的界面不太一样，因此应熟悉自己所申请的邮箱界面。

第 7 章
自 媒 体

实训一　135 编辑器的使用

一、实训目的和要求

（1）熟悉 135 编辑器的打开方式。

（2）注册 135 编辑器的账号并登录。

（3）使用 135 编辑器的模板，修改内容和样式后使用手机预览。

二、实训内容和步骤

（1）打开 135 编辑器，注册 135 编辑器账号并登录。

①打开浏览器，输入 135 编辑器的网址 https://www.135editor.com，按 Enter 键进入 135 编辑器页面。

②单击 135 编辑器页面右上角的“注册”按钮，跳转到 135 编辑器注册页面。

③按照注册要求填写注册信息，完成 135 编辑器的账号注册，注册后会自动登录。

（2）使用 135 编辑自带模板。

①单击左侧的“模板”按钮，在搜索框中搜索“生日”。

②在搜索结果中选择一个免费使用的模板“9.04－9.10 生日花特辑”，单击“整套使用”，如图 7－1 所示。

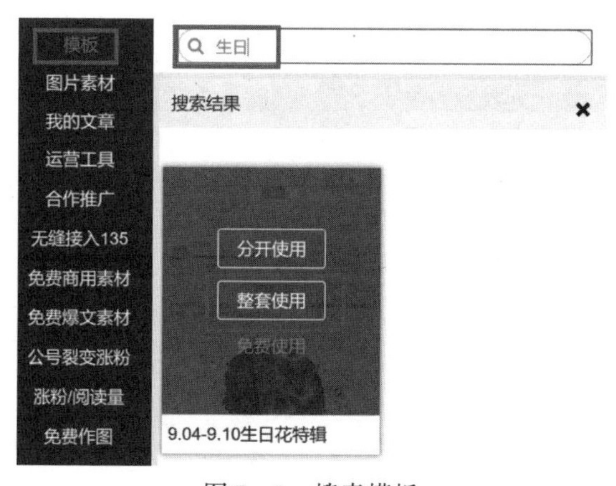

图 7－1　搜索模板

（3）修改内容和格式。

①单击编辑窗口内的文字或图片，可以对文字或图片进行复制、剪切、删除等操作，还可以调整宽度、角度和透明度，将所有花朵的透明度设置为 0. 55，如图 7 –2 所示。

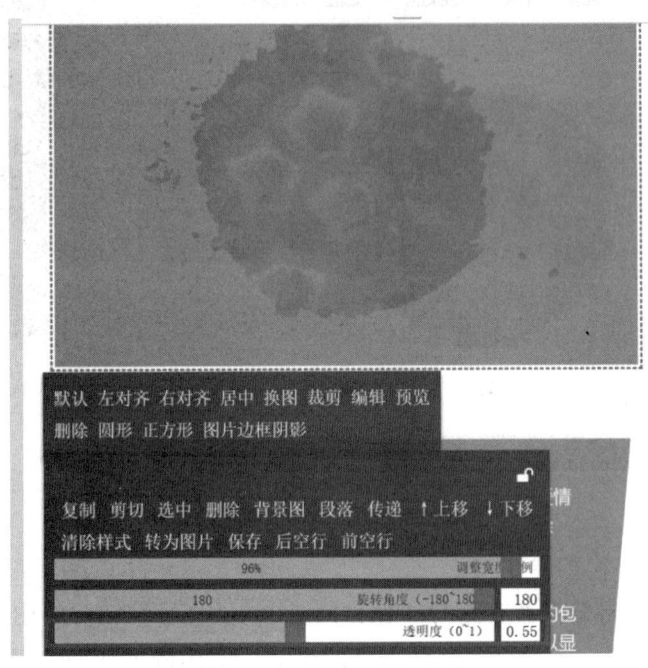

图 7 –2　编辑内容和格式

②框选文字，可在工具栏中设置文字的字体、字号和对齐方式等，将所有“花语”的文字字体设置为宋体，大小设置为 16 px，居中对齐，如图 7 –3 所示。

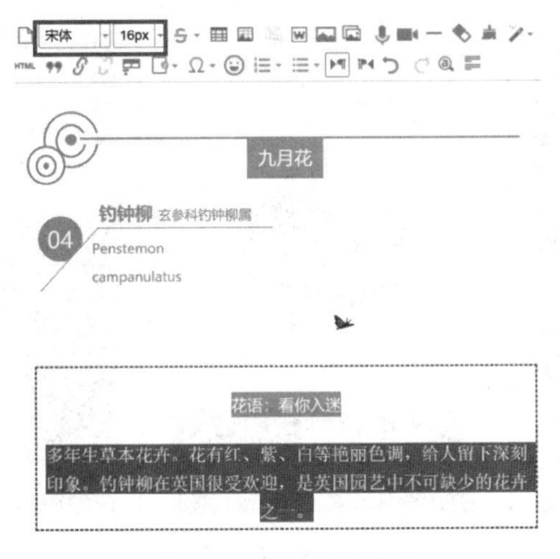

图 7 –3　设置文字格式

③在编辑页面右侧“配色方案”面板上单击第一个红色色块，勾选“全文换色”，如图 7 –4 所示。

图 7－4　全文换色

（4）手机预览。

完成编辑后，单击编辑器右侧的“保存同步”，可将已编辑好的内容保存到个人模板中。单击“手机预览”，选择符合自己手机的尺寸，使用微信或 QQ 扫码预览效果，如图 7－5 所示。

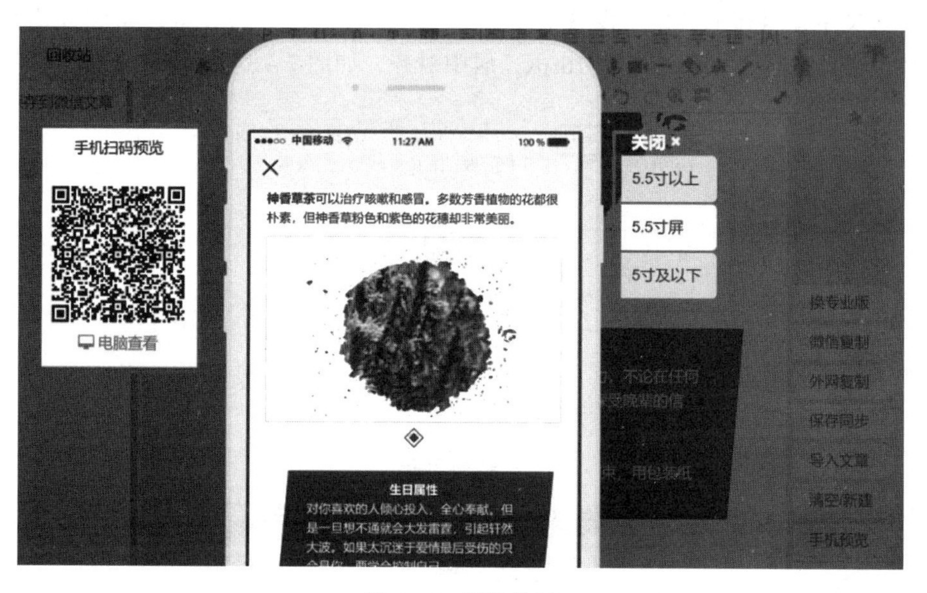

图 7－5　预览效果

❖ **提示：**

可注册一个个人微信公众号，将使用 135 编辑器编辑好的内容在公众号上发布。

实训二 使用腾讯文档协同写作

一、实训目的和要求

（1）了解访问和登录腾讯文档的方法。

（2）能够在腾讯文档新建或导入 Word、Excel 或 PPT 文件。

（3）设置腾讯文档的编辑权限。

（4）分享腾讯文档链接并完成协同写作。

二、实训内容和步骤

（1）分组实训，以 2～3 人为一小组。

（2）访问腾讯文档网址，并登录。

①打开浏览器，搜索并访问“腾讯文档”，或在地址栏输入 https://docs.qq.com/desktop。

②在跳转出的登录页面中，使用手机的 QQ、微信扫码登录或者使用账号密码登录。

（3）新建在线表格并完成协作。

①单击页面左上角的“新建”按钮，选择“在线表格”，如图 7－6 所示。

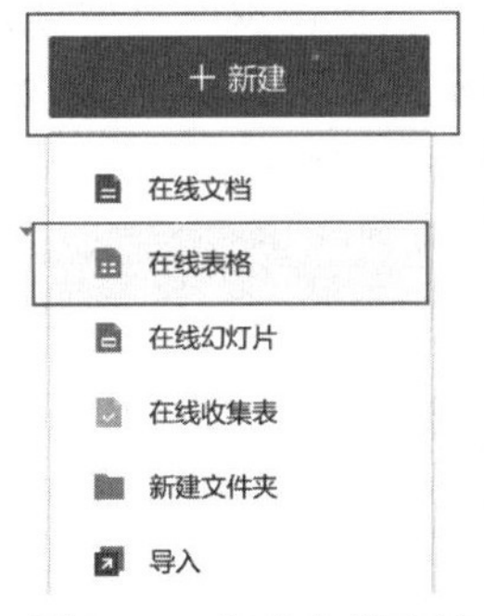

图 7－6　新建在线表格

②在跳转出的模板库页面中选择“班级通讯录”，页面跳转至在线表格编辑页面，如图 7－7 所示。

班级通讯录　文件　编辑　插入　格式　数据　智能工具

常规　微软雅黑　10　更多

I3　初三（8）班

班级通讯录

班级	班主任	班长
初三（8）班	张艳	刘洋

学号	姓名	性别	联系电话	QQ号	微信号	是否住宿	家长姓名	家长电话	家庭住址
1	李霞	女	186****8888	860***0231	186****8888	是	李艳	188****8832	广东省深圳市南山区***街道**花园***房
2									
3									

图 7－7　在线表格编辑页面

③将表格内默认数据清除，单击“协作”按钮，设置“文档权限”为“获得链接的人可查看”，并单击“邀请他人一起协作”按钮，选择小组内其他人进行分享，如图 7－8 所示。

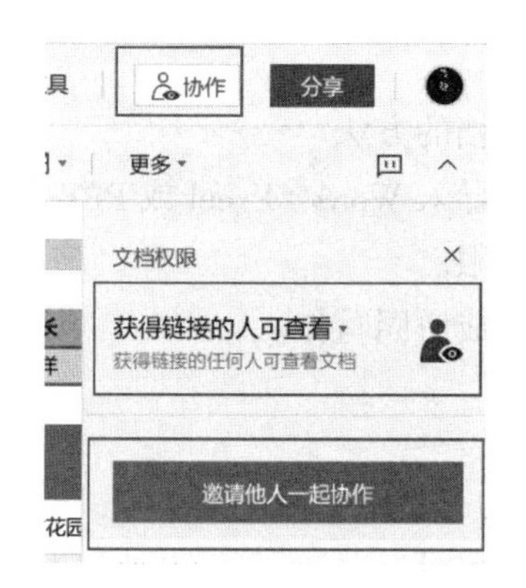

图 7－8　邀请他人一起协作分享

④单击组内同学发来的链接，完成在线填写数据。

（4）新建“在线文档”并完成协同写作。

①由组内一名同学新建“在线文档”：单击“腾讯文档”标志，返回“腾讯文档”主页，单击“新建”，选择“在线文档”，在模板库页面选择“空白文档”。

②将文档权限设置为“获得链接的人可查看”，将文档链接分享给组内的其他人。

③组内每人在教材上选择一段文字，三人分配好段落顺序后，同时将段落文字录入在线文档中。

实训三　使用百度脑图制作思维导图

一、实训目的和要求

（1）访问和登录百度脑图。

（2）使用百度脑图创建思维导图。

二、实训内容和步骤

（1）访问百度脑图网址，并登录。

①打开浏览器，搜索并访问“百度脑图”，或在地址栏输入 https://naotu.baidu.com。

②在跳转出的登录页面注册百度账号并登录。

（2）创建思维导图。

①单击页面上的“新建脑图”按钮，如图 7－9 所示。

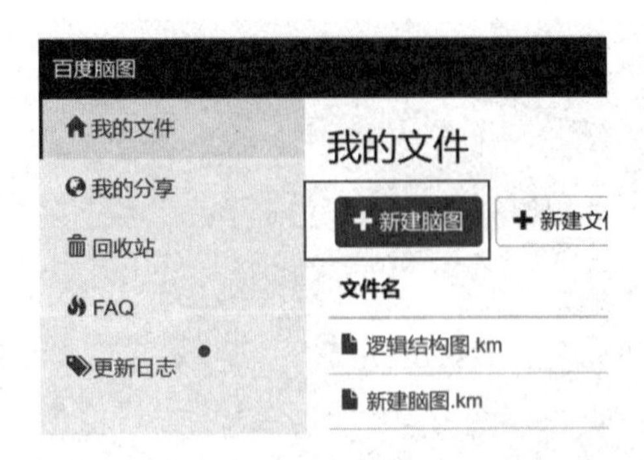

图7-9 新建脑图

②跳转至编辑页面，在左上角单击“外观”，在图形外观下拉列表中选择思维导图外观，如图7-10所示。

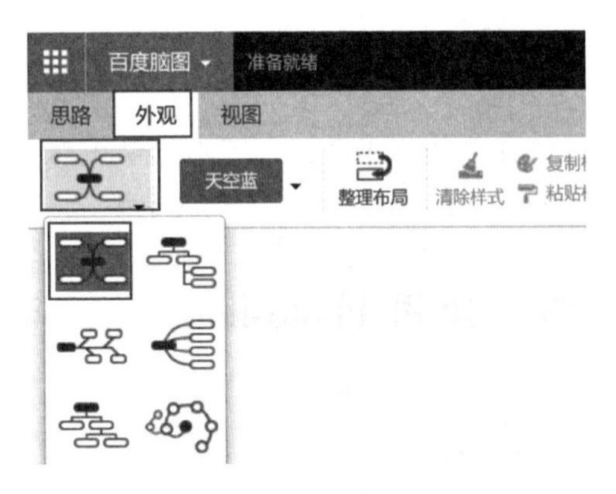

图7-10 选择思维导图外观

③单击色块下拉菜单，选择“脑图经典”，如图7-11所示。

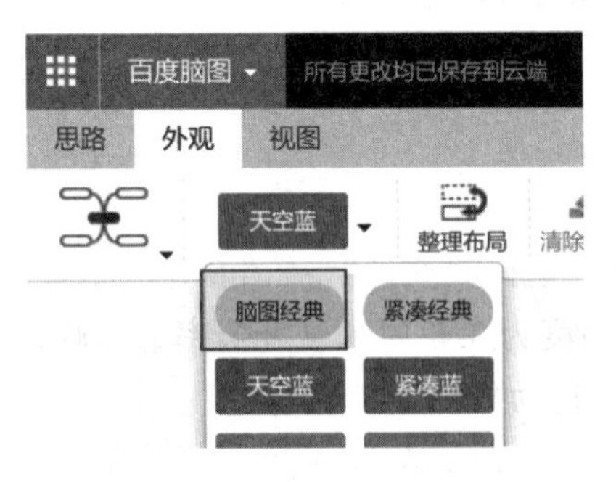

图7-11 选择“脑图经典”

④单击选中核心主题“思维导图”，输入“水果”；右键单击核心主题，选择下级，或选中核心主题，按下Tab键，建立一条下级分支，分支主题输入“苹果”；选中“苹果”分支主题，按下Enter键，新建同级分支主题，输入“西瓜”。

⑤如图7-12所示，完善思维导图。

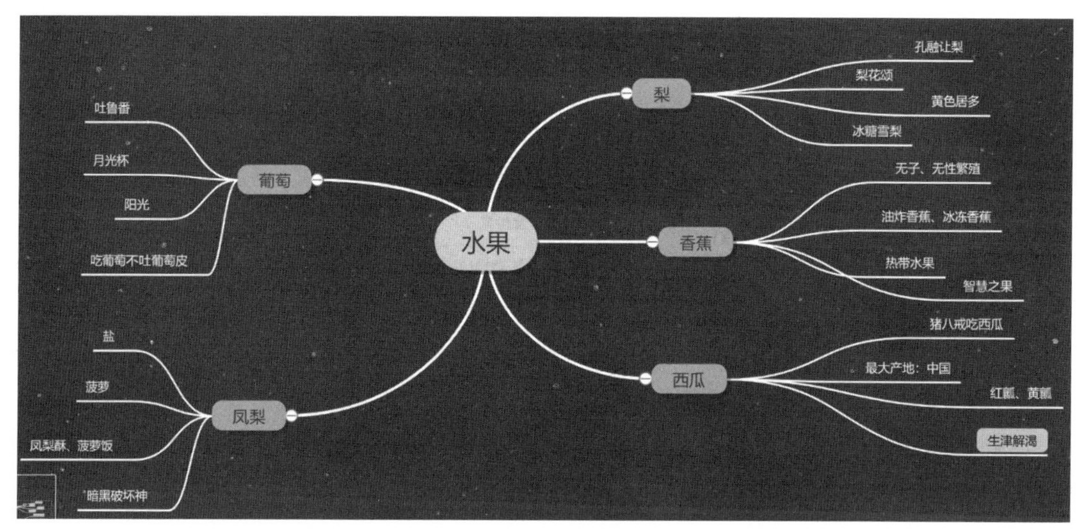

图 7－12　完善后的思维导图效果

❖ **提示：**

可使用“整理布局”按钮自动整理布局，也可以拖动主题手动布局。可以在“思路”工具栏下执行插入图片、备注、链接、优先级、完成度等操作。

实训四　使用 Photoshop 制作证件照

一、实训目的和要求

（1）熟练创建自定义文档。

（2）熟练设置背景色和填充背景色。

（3）熟练使用移动工具和磁性套索工具。

二、实训内容和步骤

1. 制作工作照背景

（1）打开 Photoshop CS6，选择“文件”→“新建”命令，在弹出的“新建”对话框中创建一个宽度为 2.7 厘米、高度为 3.8 厘米、分辨率为 300 像素/英寸、颜色模式为 CMYK 的新文件，单击“确定”按钮，如图 7－13 所示。

（2）单击“设置背景色”按钮，在打开的“拾色器（背景色）”对话框中设置颜色（C:100，M:0，Y:0，K:0），单击“确定”按钮，如图 7－14 所示。

（3）按下 Ctrl + Delete 组合键填充背景颜色。

（4）在“图层”面板中双击“背景”图层，将图层解锁，变为“图层 0”。

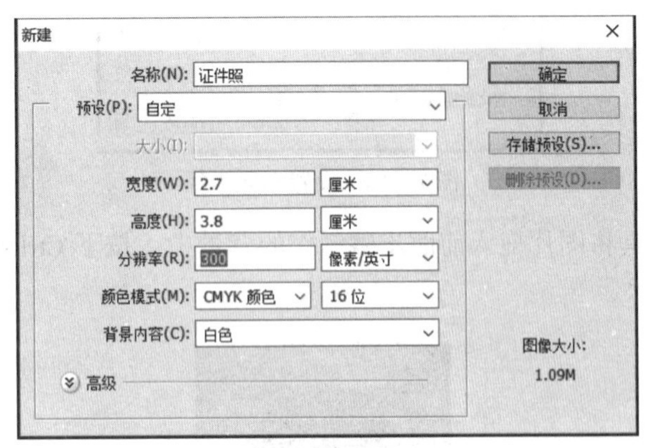

图 7－13 设置证件照的属性

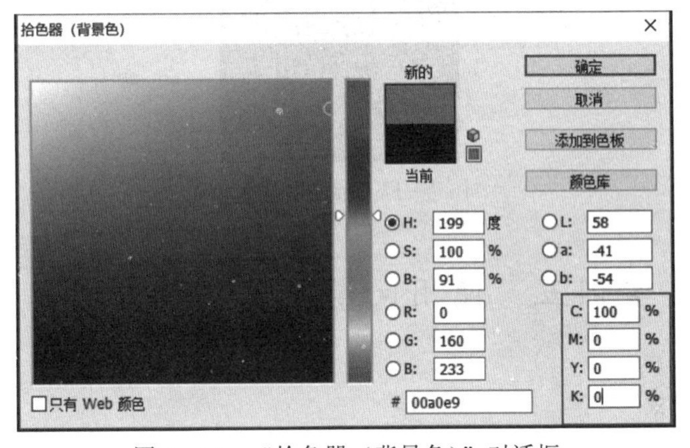

图 7－14 “拾色器（背景色）”对话框

2. 制作工作照

（1）打开人像照片素材，选择磁性套索工具，在人像背景上建立选区；按下 Ctrl + Shift + I 组合键将选区反选，如图 7－15 所示。

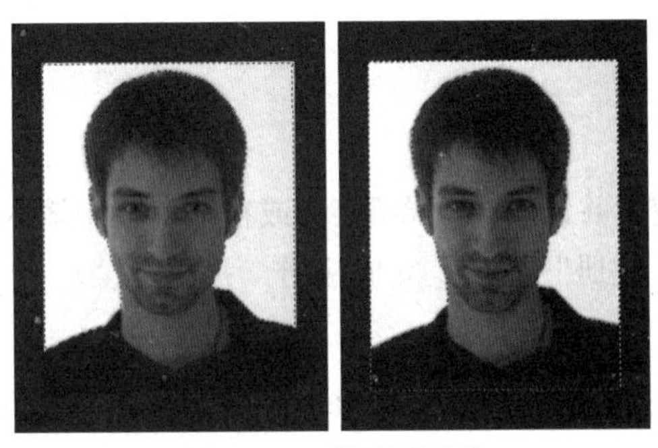

图 7－15 将选区反选

（2）执行“选择”→“修改”→“羽化”命令，在弹出的“羽化选区”对话框中将羽化半径设置为 1，如图 7－16 所示。

图 7-16　设置羽化半径

（3）使用移动工具将图片拖入前面步骤制作的背景中，按下 Ctrl + T 组合键调整大小和位置，如图 7-17 所示。

图 7-17　调整照片大小

实训五　使用问卷星制作调查问卷

一、实训目的和要求

（1）访问并登录问卷星网站。

（2）制作关于学生学习习惯的调查问卷。

（3）发布调查问卷。

（4）查看问卷结果并下载数据。

二、实训内容和步骤

1. 访问并登录问卷星

（1）打开浏览器，搜索并访问“问卷星”，或在地址栏中输入 https://www.wjx.cn。

（2）单击页面上的“注册”按钮，完成注册，并登录。

2. 创建问卷

（1）单击“创建问卷”，跳转到问卷类型页面时，选择“表单”，如图 7-18 所示，填写表单名称为“学生学习习惯调查”。

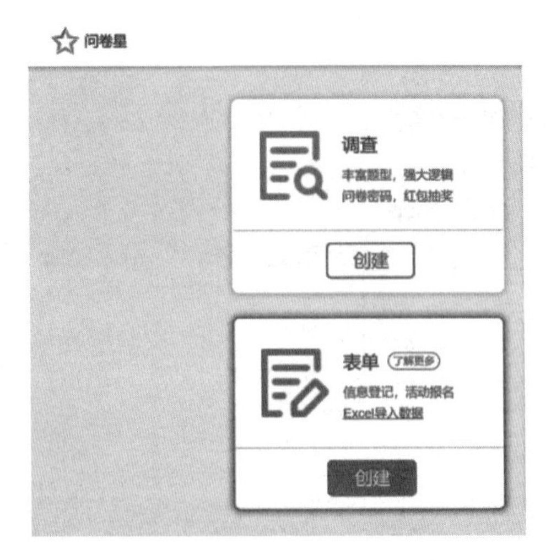

图7－18 选择“表单”创建

(2) 跳转到编辑问卷页面，依次单击左上角的“姓名”“性别”“手机”及“高校”完成四个问题的创建，如图7－19所示。

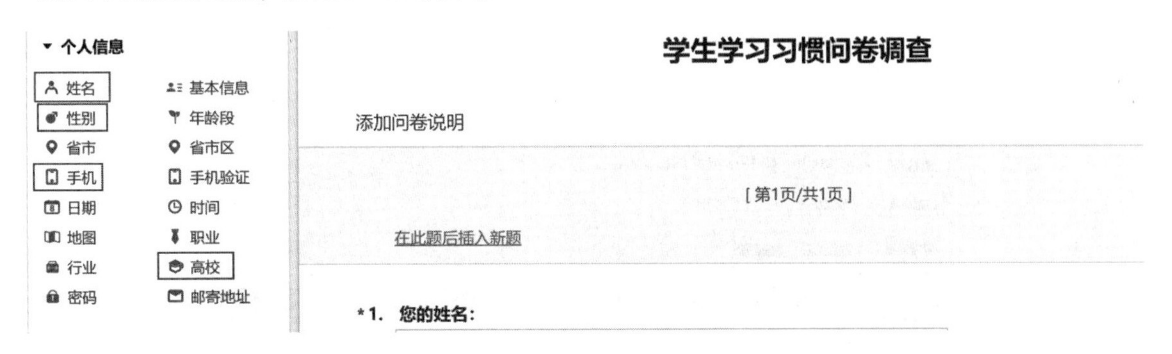

图7－19 编辑问卷页面

(3) 单击左侧的选择题的下拉按钮，创建下拉选择题，题目为“您所在的系部是:”，新建下拉框，分别在三个下拉框中输入“经管系”“机电系”和“五年制大专部”，单击“完成编辑”按钮，如图7－20所示。

(4) 单击左侧的填空题的“单项填空”按钮，创建填空题，题目为“您所在的班级是:”，单击“完成编辑”按钮，如图7－21所示。

(5) 单击左侧的选择题的“多项选择”按钮，创建多选题，题目为“您最喜欢的学习方式是:”，选项设置如图7－22所示。单击“完成编辑”按钮完成编辑。

(6) 单击左侧的填空题的“单项填空”按钮，创建填空题，题目为“您对学习的其他意见是:”，单击“完成编辑”按钮完成编辑。

3. 发布问卷

(1) 完成题目编辑后，可单击“预览”按钮，预览问卷的显示效果。单击“完成编辑并运行”按钮。

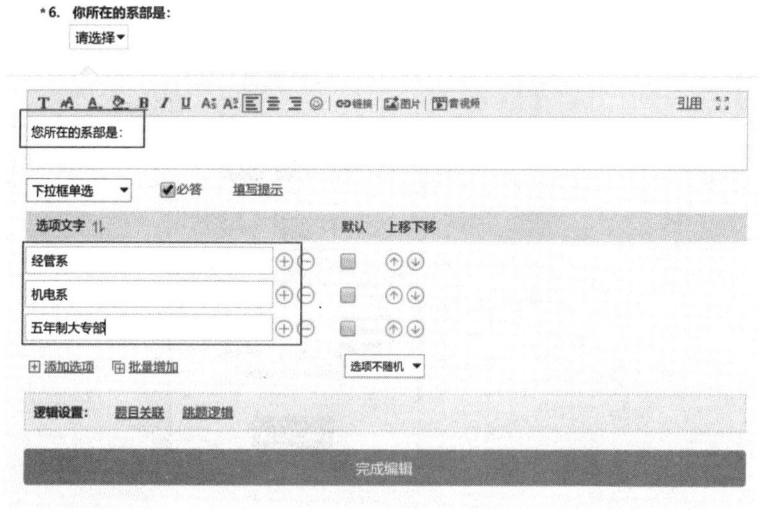

*6. 你所在的系部是:

请选择

链接 图片 音视频 引用

您所在的系部是:

下拉框单选 必答 填写提示

选项文字 默认 上移下移

经管系

机电系

五年制大专部

添加选项 批量增加 选项不随机

逻辑设置: 题目关联 跳题逻辑

完成编辑

图 7－20 编辑问题和可选项

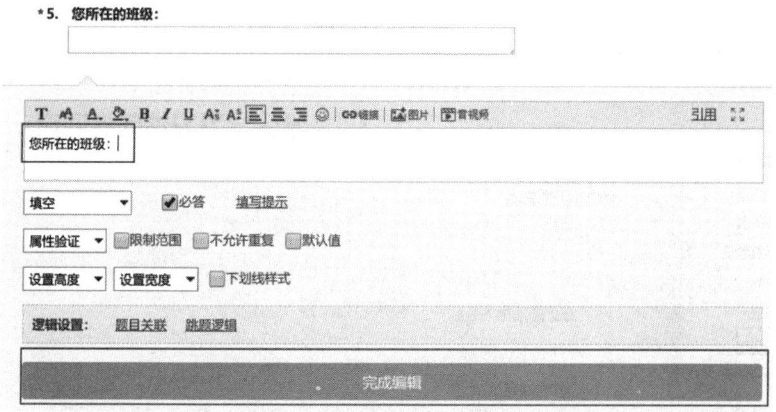

*5. 您所在的班级:

链接 图片 音视频 引用

您所在的班级:

填空 必答 填写提示

属性验证 限制范围 不允许重复 默认值

设置高度 设置宽度 下划线样式

逻辑设置: 题目关联 跳题逻辑

完成编辑

图 7－21 创建填空题界面

*7. 您最喜欢的学习方式是: [多选题]

老师讲解

自学

实训学习

其他学习方式

选项11

链接 图片 音视频 引用

您最喜欢的学习方式是:

多选 必答 填写提示

选项文字 图片 说明 允许填空 互斥 默认 上移下移

老师讲解

自学

实训学习

其他学习方式

其他

添加选项 批量增加 分组设置 至少选几项 最多选几项 选项不随机 竖向排列

图 7－22 编辑多项选择题界面

（2）跳转到发布页面，单击“发布此问卷”按钮，如图7－23所示。

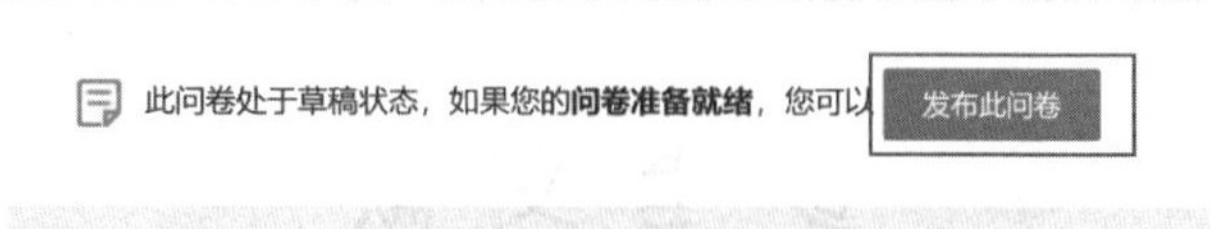

图7－23 “发布此问卷”按钮

（3）确认发布后，复制二维码或链接，或通过微信、QQ等分享给调查目标人群，如图7－24所示。

图7－24 将二维码分享给目标人群

4. 查看问卷结果并下载数据

（1）返回问卷列表页面，可看到刚刚发布的问卷及填表人数等数据，如图7－25所示。

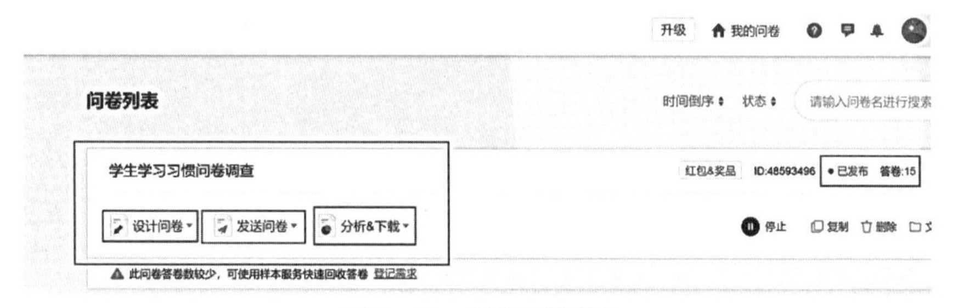

图7－25 查看问卷列表

（2）单击“设计问卷”下拉菜单，可重新编辑问卷；单击“发送问卷”下拉菜单，可重新发布问卷、查看问卷链接等；单击“分析&下载”下拉菜单，可查看问卷调查的统计结果，进行在线分析，或下载问卷答案。

参 考 文 献

[1] 柳青，沈明. 计算机应用基础习题与实验［M］. 北京：高等教育出版社，2010.
[2] 顾震宇，张红菊. 计算机应用基础［M］. 北京：北京理工大学出版社，2017.
[3] 李乔凤，陈双双. 计算机应用基础［M］. 北京：北京理工大学出版社，2019.